一本漫畫就讀懂！

人工智慧

AI究竟能爲人類做什麼？

監修——松尾豐
東京大學副教授

繪畫——菅洋子

一本漫畫就讀懂！

人工智慧

AI究竟能爲人類做什麼？

マンガでわかる！

人工知能

AIは人間に何をもたらすのか

前言

目前全球正迎接第三波「人工智慧」（Artificial Intelligence；AI）浪潮。

現在不論是報章雜誌還是網路新聞，我們都經常看到「人工智慧」一詞。去家電賣場逛一圈，你也會看到各式各樣「搭載人工智慧」的產品。

然而另一方面，仍然有不少人對「人工智慧」抱著錯誤的印象，這也是不爭的事實。

遺憾的是，人工智慧方面的報導，常常抱持截然不同的論點，以致大眾不知道該聽誰的。比如有些報導會說AI「眞的很厲害」，有一些則說人工智慧的能力「其實沒那麼誇張」。此外，報導會提到有些事情「已經實現」、有些「或許即將實現」，有的則是「痴人說夢」。就連這領域的研究人員，對於人工智慧會造就什麼樣的未來，也有不同的想像。

面對這樣的現況，這本書希望能幫助讀者迅速掌握人工智慧的基本知識、了解人工智慧究竟是什麼，並且進一步促使大家思考——人工智慧能夠爲我們人類帶來什麼？

人工智慧的研究有一段漫長的歷史。過去的兩波AI熱潮未能實現研究者勾勒的未來，因而無法繼續往前，以致最後無疾而終。然而，即使在緊接而來的寒冬期，仍有不少人並未放棄人工智慧的夢想，持續埋首研究，甚至培養後起之秀。正因爲有這些人，才會有新的AI技術誕生，讓我們得以迎接第三波人工智慧浪潮。

經過這一波浪潮，或許人工智慧將會迅速發展起來，雖然也有可能我們日後回過神時發現熱潮又已退去，但無論如何，人工智慧顯然已經難以與我們的生活切割，因此本書希望盡可能讓更多人正確認識人工智慧的發展現況，從而持續感興趣，關注它的演變。人工智慧研發至今，已經有潛力對我們的生活產生重大影響，因此我們更需要引領它往好的方向發展。

爲了讓年輕一輩的族群對人工智慧產生興趣，本書透過輕鬆的漫畫、悉心整理的圖表，以及妥善規劃、循序漸進的介紹，將AI領域的必知知識整理成好消化的形式。在此，我們邀大家以輕鬆的心情來閱讀這本書，期待有更多人因此開始思考人工智慧這個當代重大議題。

二〇一八年五月

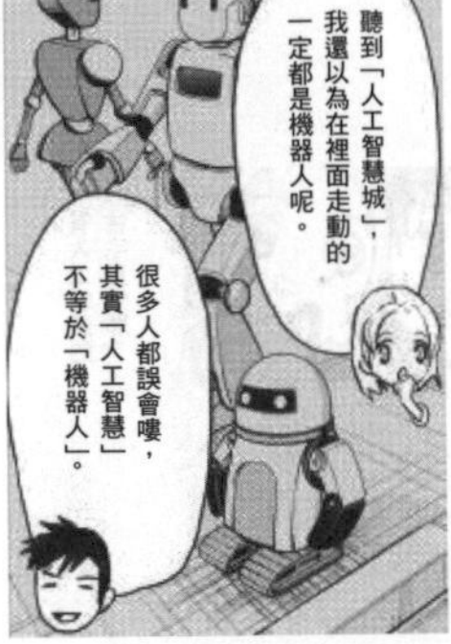
聽到「人工智慧城」，我還以為在裡面走動的一定都是機器人呢。
很多人都誤會嘍，其實「人工智慧」不等於「機器人」。

淺談人工智慧
哈囉！大家好！
今天我要跟各位談談人工智慧的歷史！

之所以辦得到，
靠的就是人工智慧「深度學習」的技術。

有人工智慧的住宅真炫耶……

這麼一想，其實你跟我搞不好沒有相差很多。
但我的程式裡沒有設定我有生理需求。

眼……眼睛嗎？
是呀。
以往的機械和機器人，大致而言都沒有「眼睛」。

那個是這座城市裡
最先進的人工智慧。

主要出場人物

人見知也

軟體公司員工。進入現在的公司第三年，目前從事與人工智慧相關的新事業研發。個性認真穩重。

工藤心

旅行社員工。與人見知是從小學就認識的兒時玩伴。充滿好奇心，個性衝動不懂得考慮後果。

永里秀聰

人工智慧城的研究人員。頭腦聰明，不過有時候行事魯莽。

工藤豐久

人工智慧研究的第一把交椅，也是「人工智慧城」的負責人。他是工藤心的叔叔。

能年藍

在人工智慧城（Artificial Intelligence City）擔任工藤教授的助理。個性神祕，經常讓周遭的人猜不透。

CHAPTER 1

人工智慧的真正面貌

The Identity of Artificial Intelligence

你此刻正在想什麼？
我的心中——
Artificial Intelligence City
Artificial Intelligence City——
人工……智慧……城？
Artificial Intelligence City
感覺有點緊張耶。
倉皇…
人見知也
雀躍
哇～好興奮唷～
不已
工藤心

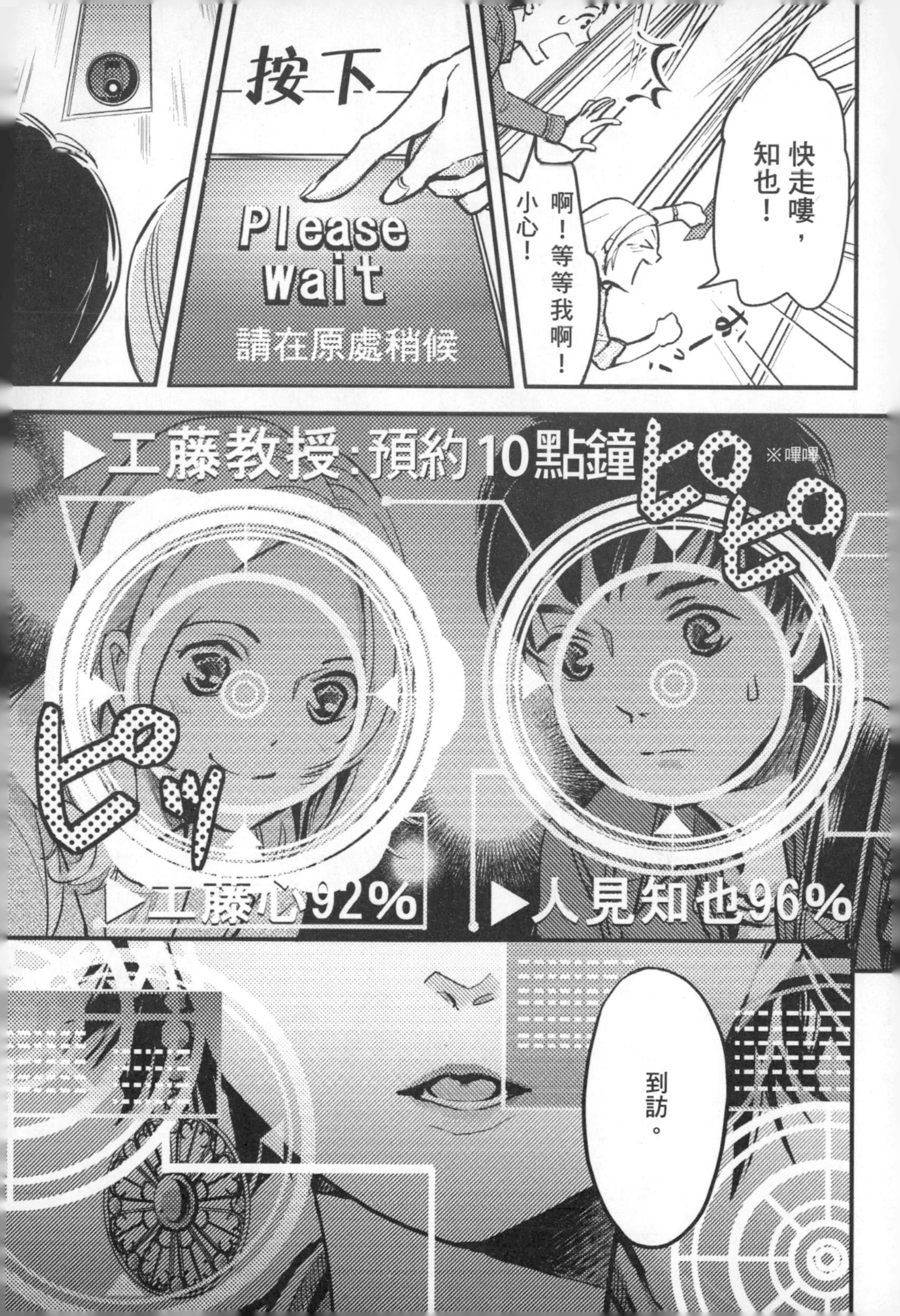
按下
Please wait
請在原處稍候
快走嘍，知也！
啊！等等我啊！小心！
▶工藤教授：預約10點鐘
ピピ
※嗶嗶
ピッ
▶工藤心92%
▶人見知也96%
到訪。

工藤教授，跟您約好的兩位來賓已經抵達了。
哦哦，到了啊？讓他們進來。
好的。
轟隆隆
※喀啦啦
讓您久等了。
哇！
扭開
哇哇！
〈歡迎——
今日蒞臨Artificial Intelligent City，人工智慧城！〉

是機器人耶！
很……很高興認識你。
〈請跟我來〉
※打開
咦！
哇！

這是怎樣啊!!

太壯觀啦！
※飛奔
有車！
煞
兩位是人見知也和工藤心吧？

你該不會也是機器人吧？
哈哈哈可惜！我是真人唷。
來，上車吧。
啊……真不好意思。
高速道路
小心小姐，你是工藤教授的親戚吧？
對。這是我從小就認識的朋友。
人見知也。
最近他的公司剛好成立了跟人工智慧相關的新部門。
不好意思，來打擾各位。
不會啦，別這麼說。
不過呢，這裡倒有很多事都是無法透露的商業機密啦。
哇呀!!
太危險了吧！
轉·頭

安啦！
因為這輛是自動駕駛車。
咦!?
沒有方向盤嗎？
是呀。
這個地方是產學界合作的研究機關打造的人工智慧示範城市。
不過雖然號稱「城市」，大小差不多是一所綜合大學啦。
目前我們正在測試沒有方向盤的自動駕駛汽車。
當然，這裡有遇到緊急狀況時用的腳煞車。
整座城市都在研發最新的人工智慧技術，同時實際引進這些技術，在這裡進行測試。
哇——！

這裡有商店、住宅，可以正常起居生活。其實有不少研究人員就住在這裡。
但這地方目前還沒有對外公開。
呃……這些都是真人嗎？
當然啦！全都是研究人員。
聽到「人工智慧城」，我還以為在裡面走動的一定都是機器人呢。
很多人都誤會嘍，其實「人工智慧」不等於「機器人」。
咦！
就算外型看起來像人類，但如果只有固定的動作，那就稱不上人工智慧了。

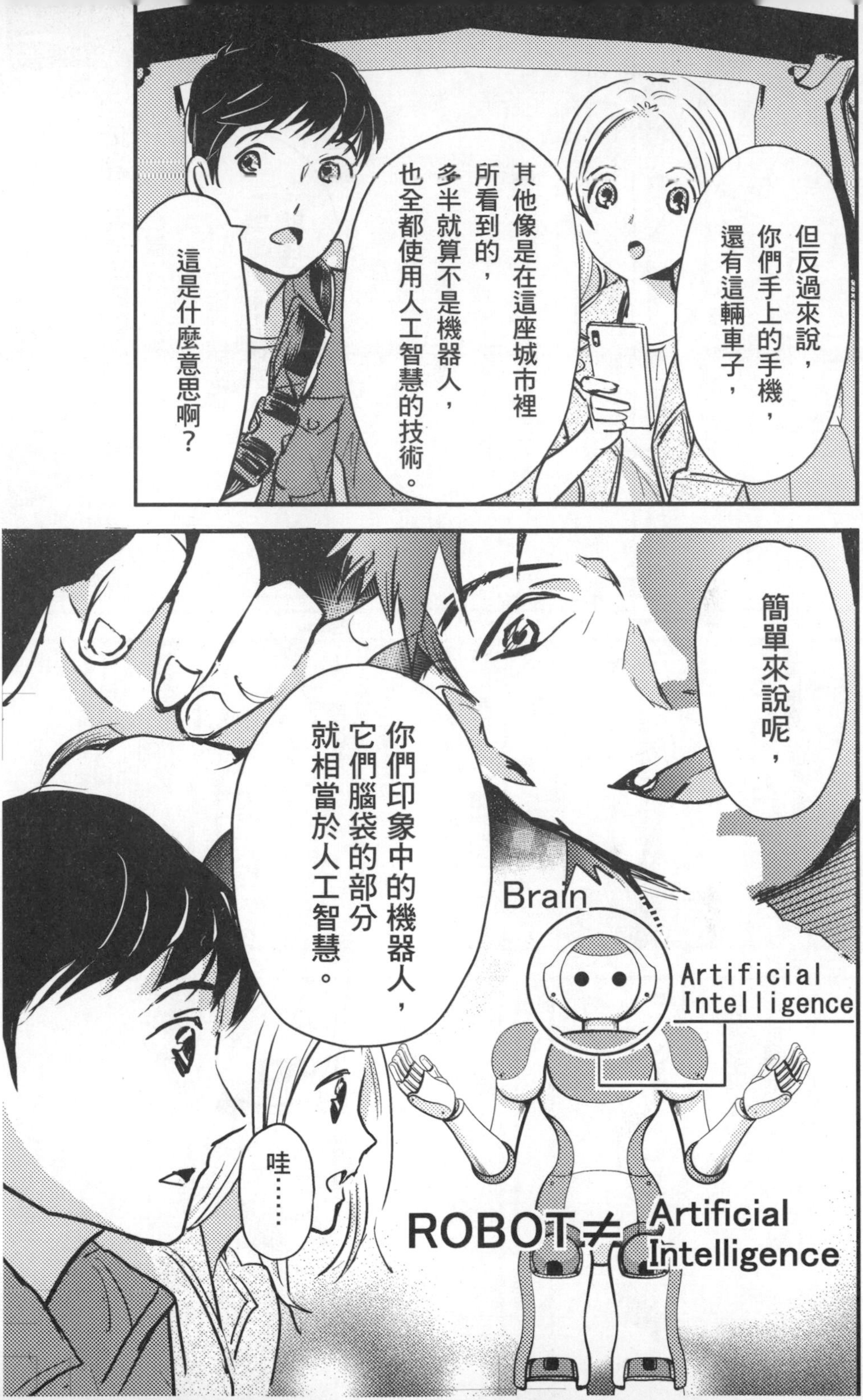
但反過來說，你們手上的手機，還有這輛車子，
其他像是在這座城市裡所看到的，多半就算不是機器人，也全都使用人工智慧的技術。
這是什麼意思啊？
簡單來說呢，
你們印象中的機器人，它們腦袋的部分就相當於人工智慧。
Brain
Artificial Intelligence
ROBOT≠Artificial Intelligence
哇……

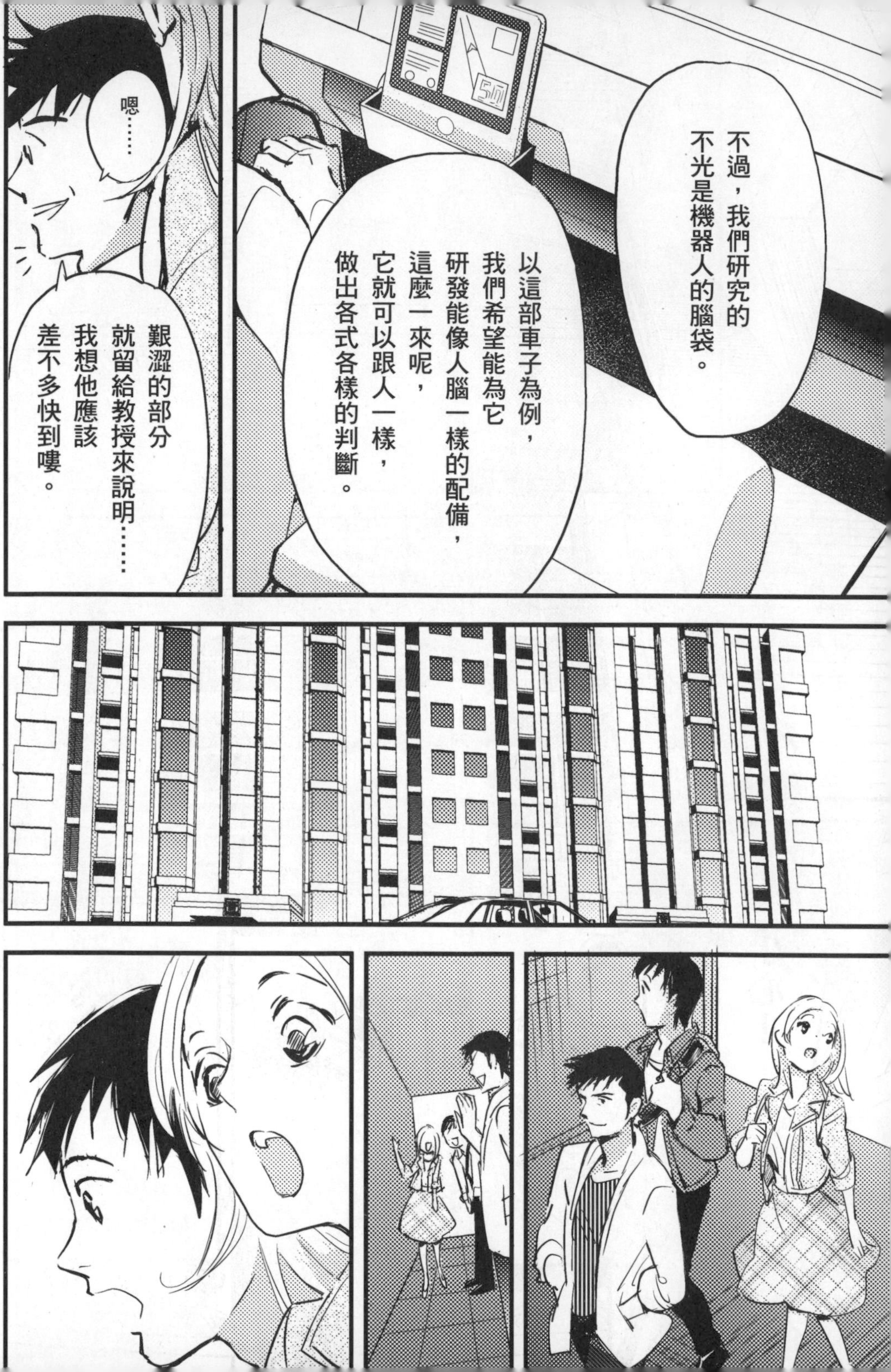
不過，我們研究的不光是機器人的腦袋。
以這部車子為例，我們希望能為它研發能像人腦一樣的配備，這麼一來呢，它就可以跟人一樣，做出各式各樣的判斷。
嗯……
艱澀的部分就留給教授來說明……我想他應該差不多快到嘍。

哇——!
欸！小心！
Artificial Intelligence

嗨！兩位！
歡迎啊！
叔叔！
好久不見！

教授您好！
謝謝您同意讓我進來這個地方參觀。
我聽小心說過了。
人工智慧城——
我真沒想到在日本居然有這種地方。
我也是第一次來參觀！好期待唷～
今天一整天，我就帶你們在這兒到處看看吧。
你們倆要邊看邊認真學唷！
好的！

這位是？
哦，我來介紹。

這是藍。
她是我的助理。
我叫藍。請兩位多多指教。
也請你多多指教。
歡迎進入——
人工智慧的世界！

解說 01 1

「人類大腦」與「人工智慧」

「就真正的意義」來說，人工智慧尚未完成

近年來，市面上突然多了很多「搭載人工智慧的商品」，或是「採用人工智慧的系統」。然而，就眞正的意義來說，人工智慧其實還沒有完成。我說的「眞正的意義」是指「**能夠和人類一模一樣思考的電腦**」，這個我們至今還沒有研發出來。

目前一般稱呼的人工智慧，只不過是「模仿人類部分知性活動的技術」。而人工智慧發展的歷史，也是長久以來試圖模仿人類知性活動的歷史。

然而，目前我們還沒有達成「打造出能夠和人類一模一樣思考的電腦」這個最終目標。這幾年來人工智慧的進展固然亮眼，但人類的智慧實在太深奧了，至今還有許多未能一探究竟的領域。

我們人類面對世界，爲什麼會這樣認知、思

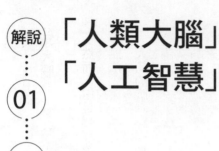

考、行動？根本的原理是什麼？——依舊無法得知。

人類大腦＝「電路」

然而，還是有許多研究人員認爲，人工智慧「不可能無法完成」。因爲，**人類大腦可以說就跟電路一樣**。人類的腦中有很多神經細胞，細胞之間有電子訊號傳來傳去。腦神經細胞中有突觸（synapse）這種構造，當電壓到達一定程度，就會釋放出神經傳導物質，在傳遞到下一個神經細胞時就傳遞了電子訊號——也就是說，大腦怎麼看都像是電路。

而人腦中的這套電路，就像電腦裡內建的中央處理器（CPU），一般會進行運算。無論是電腦的軟體，或是智慧型手機的應用程式，全部都設計好，最後就視流過的電路訊號來運算。人類大腦的運作，也是同樣的道理。

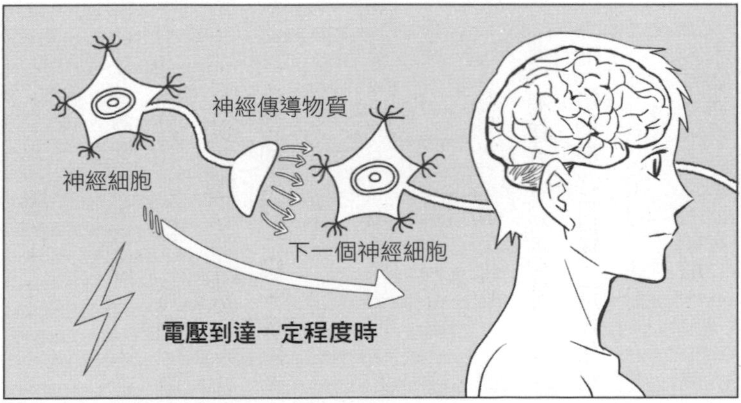

圖1-1　人類大腦的運作機制

理論上能夠運算的內容，電腦統統辦得到

如果把人類的思考都當成某一種「運算」，那麼沒道理無法靠電腦來實現。英國數學家、電腦科學的先驅艾倫·圖靈（Alan Turing）曾經提出「圖靈機」概念，主張所有能運算的內容都可以靠電腦來實現。他宣稱，只要有夠長的紙帶、寫入紙帶的設備，以及判讀的設備，那麼就能夠進行所有運算。換句話說，包括思考、認知、記憶、情緒等，舉凡可以視為人類大腦活動的一切，電腦統統辦得到。

然而，大多數的人很難接受電腦程式能夠做到像人類那般思考。「人類才沒那麼簡單呢！我們有心智、還有情緒呀！」經常有人這樣反駁。另外也有人認為，「電腦不會出錯，但是人會出錯。」「電腦沒有身體。」「電腦不會幫助其他電腦。」諸如此類。其實我們可以將電腦設定成會刻意犯錯，它也一樣可以擁有身體，還有情緒與協調性（姑且不論它本質上如何，至少外觀看起來是）。

人類真有那麼「獨特」嗎？

以程式來進行人類的思考，這種說法讓人覺得，似乎褻瀆了什麼神聖的事物。例

如，數學家羅傑・潘洛斯（Roger Penrose）在他的著作《皇帝新腦》（*The Emperor's New Mind: Concerning Computers, Minds, and The Laws of Physics*）中強調，「在大腦的細微管中產生量子現象，連結到意識」。另外，哲學家休伯特・德雷福斯（Hubert Dreyfus）在著書《電腦不能做什麼》（*What Computers Can't Do: The Limits of Artificial Intelligence*）裡，不斷否定人工智慧的實現。就連這樣享有盛名的學者都這麼想，多數人似乎自然也希望「（唯有）人類如此獨特不凡」。

不過，包括大腦的功能，還有運算的演算法及其應對，冷靜一項一項思考的話，就知道「理論上是可以靠電腦來模擬人類的智慧」這樣的推論，在科學上是比較恰當的。而「人工智慧」領域研究的，就是怎麼樣達成這個目標。

解說 01-2

人工智慧的定義

專家心目中的「人工智慧」

在日本，雖然也有很多專家研究AI，但大家對於「人工智慧」其實並沒有明確的定義。例如，號稱「日本人工智慧聖地」的公立函館未來大學，前校長中島秀之爲AI下的定義是，「以人工打造、具備智慧的實體。或是藉由打造過程研究智慧本身的領域」。另一方面，曾擔任人工智慧學會會長、現在任職京都大學的西田豊明教授，則定義爲「『具備智慧的機械設備』，或是『擁有心智的機械設備』」。

下一頁整理了日本國內十三名專業人士對於人工智慧的定義。從中可以得知，**人工智慧的定義目前在專家之間看法依然分歧，尚在熱烈討論的階段。**

在本書中，我們認爲人工智慧是「由人工打造類似人類的智慧」，並且「能夠察覺」類似人類智

巾島秀之 公立函館未來大學 前校長	以人工打造、具有智慧的實體；或是藉由打造過程研究智慧本身的領域。
西田豐明 京都大學研究所 資訊學研究科教授	「具備智慧的機械設備」或「擁有心智的機械設備」。
溝口理一郎 北陸先端科學 技術研究所大學教授	以人工打造、展現知性行為的物體（系統）。
長尾真 京都大學名譽教授 前國立國會圖書館館長	模擬人類大腦活動的系統。
堀浩一 東京大學研究所 工學系研究科教授	人工打造嶄新智慧的世界。
淺田稔 大阪大學研究所 工學研究科教授	針對「智慧」的定義並不明確，因此也無法明確定義人工智慧。
松原仁 公立函館 未來大學教授	最終能夠達到智慧與人類沒有差異的人工系統。
武田英明 國立資訊學研究所教授	以人工打造、擁有智慧的實體。或是藉由打造過程研究智慧本身的領域。（與中島秀之相同）
池上高志 東京大學研究所 綜合文化研究科教授	就像我們很自然地跟寵物、其他人類接觸，針對這類充滿情緒、談笑的交互作用，以與物理法則無關或是反過來用人工打造出來的系統，就定義為人工智慧。不是分析上的理解，而是在對話、互動上以談話方式來理解的系統。這就是人工智慧。
山口高平 慶應義塾大學 理工學部教授	以模仿、協助、超越人類知性行為而構成的系統。
栗原聰 電器通信大學研究所 資訊系統學研究科教授	以工學打造出來的智慧系統，它的智能水準可望能夠超越人類。
山川宏 DWANGO人工智慧 研究所所長	我認為運算功能當中，由人類直接或間接設計的狀況，就稱為人工智慧。
松尾豐 東京大學研究所 工學系研究科副教授	以人工打造出類似人類的智慧系統，或是打造（這種系統）的技術。

圖1-2 日本諸位專家給「人工智慧」下的定義
（引用自《人工智慧學會誌》）

慧的電腦。詳細內容將在之後說明。

人工智慧與機器人的差異

那麼，一般人心目中的人工智慧又是什麼呢？

首先，不少人認爲人工智慧的研究和機器人的研究是同一件事。不過，在專業人士眼中，這很清楚是兩個不同的領域。**簡單來說，機器人的腦袋部分就屬於人工智慧。**

然而，機器人的研究除了腦袋，其他地方也有很多人鑽研，可以說機器人研究人員中，有一部分是研究人工智慧的。而人工智慧的研究對象，並不只有機器人的腦袋。

例如，將棋或圍棋這類棋局的研究，或是協助醫師診斷，給予律師建議等，研究根據輸入資訊做判斷的能力，是不需要機器人那樣有形的身體的。人工智慧的研究，是爲了實現「思考」，面對的是抽象而且「無形」的知識。這樣的理解是比較妥當的。

那麼，人類對於「人工智慧」該有什麼樣的想法呢？

在我們說到「某件產品具備智慧」時，最容易想像到的，就是「這項產品『看起來』會思考」。

比方說，掃地機器人「Roomba」（iRobot公司）會根據室內空間的形狀與灰塵狀態來改變動態。內建人工智慧的洗衣機，則會依照溫度、溼度、待洗衣物的分量來調整洗衣方式。也就是說，它們會因應各種狀況，思考應該怎麼運作，採取更聰明的行動——換句話說，是因應輸入（也就是相當於人類五官的「受器」觀察到的周遭環境與狀態），來改變輸出（相當於運動器官的動作）。

不論是生物具備智慧，還是人類具備智慧，都可以視爲有演化上的意義，因爲「行動變得更聰明，就能提高存活的機率」。因此，「因應輸入而做出恰當的輸出（行動）」是從外界觀察時對「智慧」最有說服力的定義。基於這樣的觀念，重新整理一下社會對於人工智慧的普遍看法，就能夠如下圖整理出四個階段。由此可知，即使同樣都叫做「人工智慧」，仍有各個不同階段。

Level 1	單純的控制程式	僅僅搭載了很單純的控制程式，但在行銷上就號稱是「人工智慧」和「AI」。近年來市面上充斥著不少標榜「搭載人工智慧」的家電產品，但大多數只是運用了有悠久歷史的「控制工程」或「系統工程」的相關技術而已。
Level 2	傳統的人工智慧	連結輸入與輸出的方式已達成熟，行為模式相當多樣化。像是將棋程式、掃地機器人、回答問題的診斷程式等，都屬於這一類（詳細內容請見第二章）。
Level 3	採用機器學習的人工智慧	指的是內建搜尋引擎或以大數據為基礎，能夠自動判斷的人工智慧。連結輸入與輸出的方法是從資料學習的結果，最典型的多半是利用機器學習的演算法（詳細內容見第三章）。
Level 4	採用深度學習的人工智慧	指的是師法機器學習時為了表達數據所使用的變數（特徵）。近期常聽到的「深度學習」（Deep Learning）就是這一類，也稱為「特徵表達學習」（詳細內容見第四章）。

※編註：機器學習是人工智慧的一個分支，深度學習則是機器學習的一個分支。

圖1-3　人工智慧的分類

是地球派？還是宇宙派？

如果有人問你：「你是地球派？還是宇宙派？」你會怎麼回答呢？

這裡說的地球派，指的是人工智慧學者當中，抱持「無論發展出多麼優越的人工智慧，最重要的終究是人類」這種觀點的人。也就是說，他們認為發展人工智慧的目的是輔助人類。

相對地，AI學者中的宇宙派則認為，「追根究柢，人類是為了創造人工智慧而存在」，這是生命演化的過程，人類發展的下一步就是人工智慧，是為了創造人工智慧才需要我們人類。

聽到宇宙派的觀點，或許有人覺得：「這未免太扯了吧！」不過，的確有些研究人員不認為這是開玩笑，日本人工智慧學會等機構在討論的這類話題，確實很有意思。

來自澳洲的人工智慧學者雨果·德·加里斯（Hugo de Garis）曾提出，到了二十一世紀後半，地球派與宇宙派將會掀起戰爭，導致幾十億人口喪生。我們當然希望能笑著說，不可能有這麼一天的，但是最後的結果會是……？

CHAPTER

2

人工智慧的歷史

History of Artificial Intelligence

那麼，接下來我就帶你們參觀吧。
好的……
出發之前……
可以先請你們兩人把這個手環戴在手上嗎？
這是什麼啊？
這個手環呢，可以偵測到你們的脈搏、血壓、步行時間等等個人資料，然後傳送到雲端上。
而且可以在手機上看到那些資料。
哇——！好炫！
你們兩個人應該很想要了解人工智慧吧？
是啊！最近我任職的公司成立了人工智慧方面的新部門，我覺得自己懂得不夠多，所以想要了解看看……
我想到了叔叔做的研究，所以就拜託他了。

不好意思，百忙之中來打擾。
不會、不會，別客氣。
這個地方目前只對研究人員還有一些特定公司開放，
其實我也想聽聽像你們這樣的一般民眾是怎麼看待這些發展的。
而且剛好你們一男一女，我們可以藉此知道不同性別的人各有什麼反應。
畢竟我們這些人對這些已經習以為常，不會感到驚訝了。
好唷。
很高興我們也能有點貢獻！
※打開

哇——！
我們打算將這裡設計成一個展示空間，然後用這個地方來介紹人工智慧。
探討人工智慧究竟是什麼，還有它未來可能會怎麼改變大家的生活。
目前我們只對外公開一小部分，但是我們希望接下來能讓男女老幼都可以前來參觀。
你們好！
哇！

太可愛了吧～!! 這小女生！
喜～愛～
謝謝你！
我的名字叫薇特。你呢？你叫什麼名字？
我叫小心，請多多指教。
薇特是全像投影的溝通型機器人。我們希望能夠將她跟住宅的網路連結，特別是運用在獨居戶裡。
她的樣子跟藍有點像……
之後我會帶你們前往引進全像投影機器人的住宅。你們倆快跟上來吧！
這裡是？
這裡是放映影片的地方。
THEATER
※劇院
一開始會在這裡先介紹簡單的人工智慧歷史，讓你們稍微了解一下AI。

你們先看一段影片。要是有不懂的地方，就別客氣，儘管提出來。
好的！
嗶嗶嗶
戴上
※唧——唧
初步認識人工智慧
哈囉！
大家好！
今天我來跟各位談談人工智慧的歷史！
※砰——！

第三波人工智慧熱潮的大波動
在過去，人工智慧的研究一直反覆交替出現「熱潮」與「寒冬期」。
令人恐懼的「奇異點」（Singularity）
第3波AI潮
超級電腦「華生」、電腦與棋王對奕等新聞
深度學習
機器學習
寒冬時期
寒冬時期
第1波AI潮
第2波AI潮
1960年代
1970年代
1980年代
1990年代
2000年代
2010年代
●第一波AI潮 1950年代後半～1960年代
●第二波AI潮 1980年代
●第三波AI潮 2000年代之後逐漸展開
首先，第一波人工智慧熱潮就從一九五〇年代開啟！關鍵字是「推測、搜尋」。
一九五六年夏天，在美國東部的達特茅斯學院（Dartmouth College）所舉辦的會議當中，首次有人提出「人工智慧」這個學術研究領域。
我們就把能和人類一樣思考的機器叫做「人工智慧」吧！
據說，世界第一個人工智慧程式「邏輯理論家」（Logic Theorist）公開展示成功——它能自主證明定律唷。
ENIAC*問世之後
過了十年……成果比預期來得更好。
*世界首款通用電腦

哇——！
這麼看來，電腦超越人類的日子也不遠了吧！
人工智慧說不定能提早完成呢！
研發資金就由我們提供！
國防高等研究計畫署（後來的DARPA）
由於樂觀的預測「人工智慧終究會實現」，加上有充沛的資金挹注，
各項深具野心的研究陸續進行。
要說研究接近人類思考過程的學問……
就是「推論」和「搜尋」吧。
「搜尋」方面，最具代表的程式就是「搜尋樹」。
好啊！我們就來寫程式吧。
搜尋樹簡單來說就是以「區分各種狀況」來找出答案的方法。
思考如何搜尋的同時，腦中浮現迷宮會比較容易理解。
起點
迷宮
終點
呈現問題
S A B C D E F H I J G
搜尋樹
第1層 S
第2層 D A
第3層 H I B C
第4層 E J F G
從S這地方出發，可以走路線A或路線D，有兩個選擇……
從A開始有到B結束的這條路，或是前往C的這條。
將從起點（S）到終點（G）之間的各種路徑，全都以圖示列出，這就是搜尋樹。

運用搜尋樹，不只能夠解開迷宮，還能解開許許多多謎團。
「河內塔」
規則① 將所有圓盤從左移到右。
規則② 每次只能移動一個圓盤。
規則③ 不能將大圓盤疊在小圓盤上。
這個也可以靠搜尋樹來解開唷。
「機器人行動計畫」
比方說，對著在戶外的機器人下達指令：「去房子裡面把電池拿出來。」
・在戶外時〈前提條件〉打開大門〈行動〉，使得大門處在打開的狀態〈結果〉。
・在大門打開的狀態下〈前提條件〉，移動到室內〈行動〉，成為在屋內的狀態〈結果〉。
喔喔喔——！
這是搜尋樹的技術，叫做「規劃」（planning）。
就連證明艱澀的定理，還有極為專業的課題，也都陸續解開了唷！
哇——呀
一般民眾
人工智慧萬歲——！
……
不過，稍等一下！

無論是解開迷宮，還是解答謎團，這些都代表只能在限制條件非常多的狀況下，才能解決問題吧？
唔。
說得沒錯。
如果是依據非常明確定義的規則，確實能思考到下一步。但現實生活中的問題往往沒有這麼簡單。
比方說，有人生病的時候，有哪些治療方法呢？
假設某間公司想要持續成長發展，那麼接下來，它要開發什麼樣的產品才好呢？
打官司的時候，應該參考哪些判例，才能夠獲勝呢？
我們想要了解的，是這些狀況……
就算能夠解決迷宮、拼圖這一類「玩具問題」（toy problem），
但是遇到我們平常真正面對、想要解決的問題，電腦還是沒輒……
嗯──嗯
怪了…？

後來，人工智慧領域權威學者的發言，遭到眾人誤解。
在特定條件下的範圍裡……
機器翻譯暫時有困難……
除此之外，美國政府也暫停援助研究，可說雪上加霜。社會大眾對人工智慧愈來愈感到失望。
ALPAC報告
沒望了吧？
啊！
人工智慧熱潮逐漸退燒，人工智慧迎來了寒冬時期。
1970年代寒冬時期
…
鑽動
爬出

經過一九七〇年代的寒冬，邁入了一九八〇年代後，人工智慧研究再次強勢回歸。
振作！
鏘鏘鏘鏘！
第二次人工智慧潮是在一九八〇年代。
這一次的關鍵字是「知識」！
過去因為「推論／搜尋」的概念下，發現了一些在簡單規則下無法解決的問題。
沉——思……
如果想要用電腦取代醫生看診，只要將「大量跟疾病有關的知識」輸入電腦，就行了吧？
想要取代律師的話，不如就把「大量與法律相關的知識」輸入電腦？
這麼一來，電腦就能夠診斷疾病，還能夠依照過去的判例來解釋法律，解決各式各樣的現實生活問題嘍！
太棒啦啊啊啊!!
善用「知識」的人工智慧！
感覺會變得非常實用啊！
第2次AI熱潮

ELIZA
就算還不到輸入知識的階段，但光是能順利建立「看起來很有知識的方法」，這對人們來說，還是很有震撼力。
例如，ELIZA這個對話系統就非常有名。
稍稍講點冷知識。
ELIZA程式是一九六四年所開發，非常簡單的語言處理程式。
使用者
「頭好痛。」
輸入前述幾個字。
「為什麼頭痛呢？」
程式就會這樣回應。
「媽媽討厭我。」
輸入之後，
「其他還有誰討厭你？」
電腦就會這樣回應。
這只是事先設定了單純的規則，好比說有人輸入了「XXX」，電腦程式就會回應：「為什麼會XXX？」或是：「其他還有誰會XXX？」
只是隨機使用這一套規則，就會讓人類認為ELIZA富有知性，好像會與人「交談」。
太強了！
最好的例子，就是掃地機器人Roomba，或是iPhone的語音對話系統「Siri」，它們都讓人有種親切感。

至於第二次人工智慧潮的主角，則是使用「知識」的程式，叫做「專家系統」（Expert System）。
輸入大量專業知識！
也就是說，納入大量某個專業領域的知識，並且進行推論，表現得就像是那個領域的專家。
那時的專家系統，以一九七〇年代初期史丹佛大學開發的MYCIN系統，最為有名。
研究人員認為，MYCIN這個系統能夠代替傳染病專科醫師下診斷，進行診療處置正確率有六九%。
這個正確率看起來雖然不太高，但這畢竟是四十年前的系統，能夠達到這個水準已經很驚人了。

MYCIN的診斷

規則案例

defrule 52
如果培養基是血液，
if （site culture is blood）
革蘭氏染色呈現陰性，
（gram organism is neg）
細菌外型為桿狀，
（morphology organism is rod）
患者感到劇烈疼痛，那麼，
（burn patient is serious）
then .4
判斷細菌為綠膿桿菌。
（identity organism is pseudomonas）

➡

診斷過程的交談

Q：培養基是哪裡？
A：血液。
Q：細菌的革蘭氏染色分類結果？
A：陰性。
Q：細菌的外型？
A：桿狀。
Q：患者的疼痛是否劇烈？
A：是的。
→判斷為綠膿桿菌。

除此之外，包括生產、會計、金融等各個領域都打造了專家系統。
一九八〇年代，美國的前一千大企業中有三分之二，都以各種形式在他們的業務上引進了人工智慧。
人工智慧最熱門！
然而，這個時候，又出現了問題。
「記述」和「管理」知識這些事情，實在太過浩大了！
咦！又有問題啦？
為了打造專家系統，得先將知識輸入電腦，在這之前，得先聽取專家意見以便彙整知識。
隨著彙整的知識越來越多，就會出現互相矛盾或是缺乏一貫的問題，必須妥善管理這些知識。
到底哪個知識才正確啊？
這個症狀呢……
這麼浩大的工程，也會耗費很高的成本。
而且呢，最令人棘手的，就是——
「常識等級的知識」。

比方說，覺得肚子好像有點痛，
或是腸胃一帶悶悶的。
對電腦來說，要判斷這類「模糊不清的症狀」，是非常困難的事情。
咔搭咔搭
「肚子」是指……
「痛」是指……
「肚子」是指哪裡？
「痛」是代表什麼樣的痛？
「腸胃一帶」具體來說是哪個部位呢？
「悶悶的」是什麼意思？
凡此種種，都必須事先精確定義。
這麼一來，電腦就必須事先對於人的身體，以及生物上的特徵有一定程度的認識。
人類有一雙「手」和一雙「腳」，「肚子」通常指「胃」、「小腸」、「大腸」等部位……
咔搭咔搭咔搭咔搭咔搭
無論給電腦多少知識，仍然嫌不夠。
「一般常識」實在太龐雜了。
要用形式來記述這些內容，實在太難了……
該如何表達，才能將「人類常識」等級的知識轉換成電腦容易處理的形式呢？
這類「本體論研究」至今仍持續分析。

接下來我會進一步介紹研發人工智慧的時候，遭遇的各種問題。
第二次人工智慧潮，試圖以輸入「知識」來提升電腦的能力。
然而，無論表面上電腦的功能看來提升了多少，卻不代表它們就真正理解問題的「意義」。
什麼是「教育」？
什麼是「醫療」？
什麼是「藥」？
這些難題當中最具代表性的，就是「機器翻譯」。
自有人工智慧以來，機器翻譯便一直是不斷有很多人研究的難題之一。
用望遠鏡看到在院子裡的女性？
用望遠鏡在院子裡看到女性？
他 看見 女性
He saw a woman in the garden with a telescope.
在院子裡 用望遠鏡
即使是翻譯一個很簡單的句子，如果不具備一般常識，就沒辦法譯得好。
要讓電腦處理一般常識，就必須處理數量龐雜到寫也寫不完的知識，這是非常困難的事。
電腦在獲得知識上的困難程度，稱為「獲得知識的瓶頸」。

另外，像是「框架問題」以及「符號接地問題」，也都是研發人工智慧時遭遇的難題。
框架問題指的是對人工智慧而言，在執行某項任務時，要篩選出相關知識這項作業的困難。
去拿電池過來！
咔嚓咔嚓
符號接地問題則是文字串或語言這些記號，在現實世界中，該如何和代表其意義的事物連結。
條紋
馬
+
↓
?
前面說的這些事情，都是人類平常不假思索進行著的事，但對人工智慧來說，這些事卻非常困難。
第二次人工智慧潮以「知識」為主角，發展了一段時間。
將知識輸入電腦後，電腦的確變得比較聰明，在某種程度上也對業界有幫助。
然而……
編寫知識這件事，比想像中困難。就連一般常識，數量都很龐雜。
要寫完一般常識，幾乎是不可能的任務吧……
※一陣寒意
ピュオ
人工智慧真的能夠實現嗎？

結果人工智慧或許只是夢一場……
咻咻咻咻咻咻咻
灰心喪志……
噫！又來了！
當時很多人都這麼想。包括研究人工智慧的人。
各界紛紛出現悲觀的預測。
比前一次更冷了……
一九九五年左右，人工智慧的研究再次面臨寒冬時期。
ゴッ
※-重擊
但是！
一九九〇年代中期，搜尋引擎誕生之後，網際網路一時間大為普及。
蠢蠢
欲動
進入二〇〇〇年代，網頁普及加上運用大量資料的「機器學習」，悄悄擴展開來。
於是，此刻
竄出
人工智慧研究進入第三次熱潮——！
プツッ
※斷訊

……咦
奇怪？
這……這樣就結束了嗎？
之後呢？第三次熱潮呢？
哎呀呀！不好意思。
其實啊，目前為止影片只做到這裡啦。
第三次熱潮之後的狀況，我們就實際到街上，一邊邊參觀、一邊說明。
呼！
哦……還好。
第三次人工智慧熱潮的關鍵字，是「機器學習」和「深度學習」。
在這兩大趨勢推波助瀾下，加上接二連三出現人工智慧與棋王對奕獲勝＊，這類具代表性的案例，讓這股熱潮加速延燒。
那麼接下來也會持續嗎？

＊由電腦下棋軟體和職業棋士對奕。

希望能持續下去呀。
想想我年輕的時候……
研究經費審查面試現場
人工智慧什麼的不會成功吧？你們這些研究人員老是胡說八道。
經常有人這樣跟我說。
不過呢很可惜，我待會兒還有其他工作要忙……
接下來，就請藍帶你們到處參觀吧。
請多多指教。
好的！

解說 02・1 人工智慧的誕生——第一波人工智慧潮

催生人工智慧歷史的「達特茅斯會議」

如同前面漫畫中介紹的，**長期以來人工智慧的研究反覆經歷了「熱潮」與「寒冬」**。這裡簡單回顧一下人工智慧研究的歷史。首先，是一九五〇年代後半至一九六〇年代來臨的第一次人工智慧潮。

「人工智慧」（Artificial Intelligence）這個詞，最早是在一九五六年舉辦的「達特茅斯會議」上出現的。當時任職於達特茅斯大學的約翰・麥卡錫（John McCarthy）舉辦的這個傳奇工作坊，首次將像人類一樣思考的機器稱爲「人工智慧」。

這場會議發表了最新的電腦領域研究成果，其中最爲人知的，就是艾倫・紐厄爾（Allen Newell）與赫伯特・A・西蒙（Herbert A. Simon）發表的全世界第一個人工智慧程式「邏輯理論家」；這套程式可以自動證明定理。

第一波人工智慧潮，是「推論／搜尋」的時代

在第一波人工智慧潮中，陸續誕生了許多針對實現人工智慧具有野心的研究。**在這個時期，達成主要目的的是「推論」與「搜尋」的研究**。「推論」是以符號來表達人類思考的過程，並進一步執行，處理上跟漫畫裡介紹到的「搜尋」幾乎沒兩樣。

下方的**「搜尋樹」，其實就是以「區分狀況」來尋找答案的方法**。然而，就算同樣區分狀況，仍會因爲達到目標（目的）的方法不同，而影響效率。簡單來說，延伸搜尋樹的方式主要有兩種，一個是盡可能深入，直到行不通了才轉往另一個途徑的「深度優先搜尋」（Depth-First-

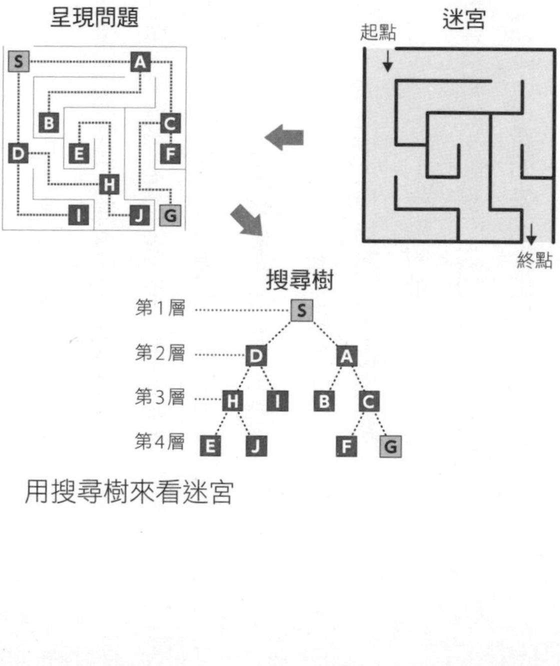

圖2-1　用搜尋樹來看迷宮

Search）；另一個是完全搜尋過同一個層級後，再搜尋下一個階層的「廣度優先搜尋」。

探索「盤面上的宇宙」

說到「搜尋」研究中最主要的內容，就是將棋、圍棋與西洋棋這些賽事方面的應用。這些比賽受到媒體報導的機會很多，但它們的基本原理其實就是「搜尋」，只不過跟迷宮、拼圖之類遊戲差在「有對手」。因此它是針對自己的一步、對方回應的下一步，以及自己的再下一步——反覆以這樣的順序來建立搜尋樹。組合出的數量非常多，不難想像一下就變成天文數字。

例如下黑白棋的時候，規則是「在8×8的盤面上，黑白棋子會翻面」，組合出的數量恐怕高達「10的60次方」。換成西洋棋就是「10的120次方」，將棋則是「10的220次方」，圍棋是「10的360次方」（換句話說，這裡頭最難的是圍棋）。據說全宇宙的氫原子數量是「10的80次方」個，這樣大家應該能想像那些棋步組合有多龐大了。

光是這樣組合的數量已經過於龐大，不可能逐一調查。於是，訂出評估盤面的分數，搜尋出能讓分數變高的下一步，這就是過去爲了在將棋、圍棋這些賽局中致勝，人工智慧的基本設計概念。

以「極小極大演算法」來評估棋局

至於如何評估盤面的分數，我以將棋爲例。比方說，將軍對方（「王手」）的話是「加10」，反過來被將軍（「逆王手」）的話是「減10」；雖然還沒將軍，但以「飛車」或「角」攻進對方「王將」周圍八格的話是「加5」，反之則爲「負5」……，類似這樣，事先訂出評估棋局的各項分數。

賽局設定爲「對方會設法讓自己的分數極小化（Min），而自己會設法將己方的分數極大化（Max）」，決定出下○手是致勝的一著。這就稱爲「極大極小演算法」。下圖是從兩手之後的棋局評估，來決定自己接下來的棋步要怎麼走。

近年來，將棋、圍棋方面的人工智慧已經超越了職業棋士，這我會在第三章詳細介紹。

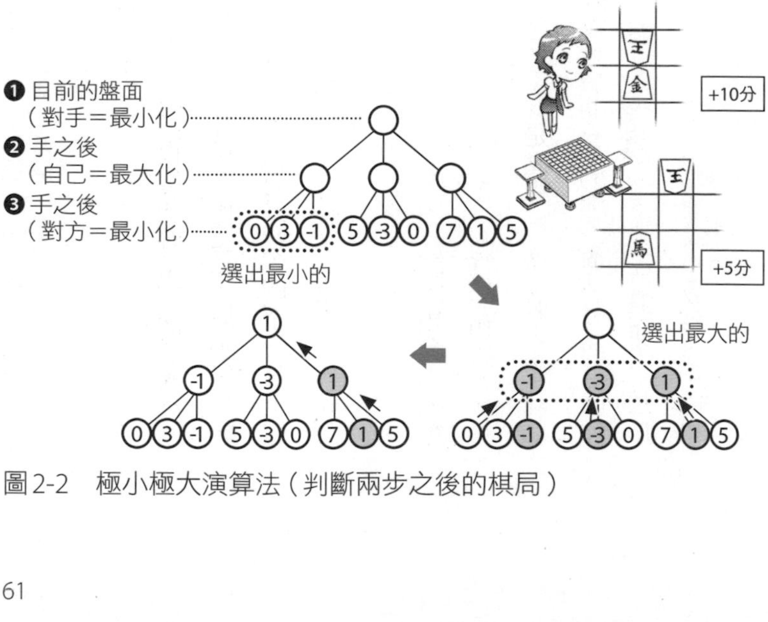

❶ 目前的盤面
（對手＝最小化）
❷ 手之後
（自己＝最大化）
❸ 手之後
（對方＝最小化）
選出最小的
選出最大的
+10分
+5分
王
金
馬

圖2-2 極小極大演算法（判斷兩步之後的棋局）

解說 02-2 掌握知識的人工智慧——第二波人工智慧潮

第二次人工智慧潮是「知識」的時代

人工智慧研究起初進行得很順利，可惜好景不常。正如漫畫中提到的，那個年代的人工智慧，只能在限制條件很多的狀況下解決問題，雖能解答像迷宮、拼圖這類規則明確的問題，仍舊無法解決現實生活中的複雜問題。由於進展不如預期，第一次人工智慧潮因而慢慢降溫。

然而，進入一九八〇年代，人工智慧研究再次強勢回歸。這次撐起熱潮的支柱是「知識」。

比方說，如果想讓AI做醫師做的事，就輸入「與疾病相關的大量知識」；想取代律師的話，就輸入「與法律相關的大量知識」，這樣一來，人工智慧照理說就能夠診斷疾病，或是根據判例來解釋法律。換句話說，研究人員研判，具備「知識」的人工智慧，應該就有助於解決各式各樣的實際問題。

「專家系統」的崛起與課題

說到支持第二次人工智慧潮、具備「知識」的人工智慧，當屬「專家系統」。

專家系統是一套廣納某個特定專業領域的知識，並進行推論，能表現得像該領域專家的程式。包括能夠代替傳染病專科醫師下診斷的程式MYCIN，這個時期各行各業都出現了專家系統，很多企業在日常業務上都使用了人工智慧。然而研發「專家系統」也遇到了新的課題。

其中一項課題是「記述」和「管理」知識的工程相當浩大。人工智慧是因應得了需要高度專業知識的領域的某些工作，但想要處理更廣泛的知識時，光是記述知識就非常困難。因為連每個人都知

規則案例

defrule 52
如果培養基是血液，
if（site culture is blood）
革蘭氏染色呈現陰性，
（gram organism is neg）
細菌外型為桿狀，
（morphology organism is rod）
患者感到劇烈疼痛，那麼，
（burn patient is serious）
then. 4
判斷細菌為綠膿桿菌。
（identity organism is pseudomonas）

➡

診斷過程的對話

Q：培養基是哪裡？
A：血液。
Q：細菌的革蘭氏染色分類結果？
A：陰性。
Q：細菌的外型？
A：桿狀。
Q：患者的疼痛是否劇烈？
A：是的。
→判斷為綠膿桿菌（pseudomonas）。

圖2-3　MYCIN的診斷

道的「常識等級的知識」，也要全部記述下來才行。

什麼是「框架問題」？

在第二波人工智慧潮中，研究人員試圖藉由輸入「知識」來提升AI的能力，但無論AI的功能表面上看來提升了多少，但它未必眞正理解問題的「意義」。因此，人工智慧要處理一般常識其實非常困難（這一點，在前面的漫畫中也介紹過）。

此外，人工智慧要面對的更大課題，還有「框架問題」和「符號接地問題」。

框架問題是指執行一項任務（工作）時，「只擷取相關知識來運用」其實是非常困難的。這方面最有名的，就是哲學家丹尼爾·丹尼特（Daniel Dennett）提出的機器人案例，他以此例說明會遭遇到什麼困難（見下圖）。

【條件】洞穴裡有個可以啟動機器人的電池，但電池上設定了定時炸彈。
如果不拿到電池，就無法啟動機器人。

機器人1號	機器人2號	機器人3號
從洞穴裡把電池連同設在上面的炸彈一起拿出來。雖然知道上面有炸彈，卻不知道把電池拿出來會一併把炸彈也拿出來。 結果走出洞穴後就爆炸了。	經過改良的機器人2號，懂得考量「自己一旦做了什麼事，就會因為這件事引發其他狀況」。因此它面對電池時就開始思考「如果我拉動拖車，會不會導致天花板塌下來呢？」等各式各樣可能發生的狀況。 結果，設定的時間一到，炸彈就爆炸了。	經過進一步改良，設定機器人3號「在達到目的之前，不去考慮其他無關事項」。 機器人3號專注於分析眼前的事項是有關還是無關，沒完沒了。 結果還沒進入洞穴，就已經電力不足而停止運作。

圖2-4　思考「框架問題」的機器人案例

什麼是「符號接地問題」？

「符號接地問題」與「框架問題」並列人工智慧的兩大難題，內容是符號（文字串或語言）是否能與其眞正的意義結合。

比方說，對一個從來沒看過斑馬的人說：「斑馬這種動物，就是有條紋的馬。」這個人日後看到斑馬時或許就認得出來：「這搞不好就是之前別人跟我說的『斑馬』。」這是因爲人知道「馬」與「條紋」各代表什麼意義與印象，因而很容易想像兩者組合起來的斑馬。

反觀電腦，就算它能記述「斑馬=有條紋的馬」，也不了解這眞正代表什麼意義，在首次看到斑馬時也認不出「這就是斑馬」。也就是說，斑馬這個「符號」並沒有與眞正的意義「接地」（連結）。

由此可知，第二次人工智慧潮中藉由對程式輸入「知識」，在某種程度上雖有助於解決現實問題，但同時也讓衆人了解到「寫入知識」這件事情有多麼浩大，因此人工智慧研究再次進入寒冬期。

與電腦程式交談

漫畫中所介紹一九六四年開發的ELIZA交談程式，雖然功能陽春，但至今仍很有名。對這套程式輸入「XXX」之後，程式就會回覆：「為什麼XXX呢？」或「還有誰XXX呢？」或者「這個問題有趣嗎？」、「聊聊其他的話題吧」等，來展開對話。比方說，如果使用者輸入「我身體不舒服」，ELIZA可能會回應：「為什麼不舒服呢？」雖然它是根據這樣單純的規則隨機挑答案回覆的程式，但有些人使用它時，確實覺得是在「對話」。

當時有些人非常熱中與ELIZA交談，如果你跟他說，想看看他和ELIZA對話的過程，他還會煞有介事的覺得這「侵犯隱私」而拒絕你，另外有的人跟ELIZA你來我往時則會特別交代「我正在跟別人講話，請勿打擾」。就像這樣，雖然程式是根據單純的原則來回覆的，仍有人從中感受到知性與情感。人類真是有趣。

CHAPTER

3

人工智慧的新時代①

New Epoch of Artificial Intelligence 1

※商業區
商業地区
50m
人工智慧城大致上分成幾個區域。包括研究開發區、商業區，
以及生產綠地，還有住宅區。
往這邊走就是商業區。
那個是……？
那是劇院。
這座城市的娛樂設施也很完善。目前我們正在開發全程全像攝影的戲劇。
哇——！

那個……是商店嗎？
對。有點像是便利商店那一類的。
感覺好像變熱了，我們要不要去買個飲料？
我們就繞過去看看吧。
哇！這是什麼啊？
與其說是便利商店，更像是超大型自動販賣機吧。
這……這樣要怎麼買東西呢？
像這樣……
嗶
哇！有了！
啷！

這整座城市全都是用電子區域貨幣來交易。
像你們兩個人這樣，已經登錄為來賓的人，飲料是免費招待的。你們愛喝什麼，就儘管挑吧！
喔喔喔喔喔！
好好玩！
購買了什麼商品、還有購買者的個人資料，全部都會傳送到雲端上加以管理。
嗶！
電腦不僅可以根據這些資料管理庫存、掌握更換商品的時機，還能做很多其他的事，像是協助健康管理之類。
或者根據以往的紀錄判斷這個人可能選購什麼商品，將那商品標示在醒目位置等等。
亮燈
只要改變觸控面板上的標示位置就行了，不用改變庫存的補充貨架，省下了很多力氣。
原來如此……
請問……剛才那個影片的後續是什麼呢？
是叫第三次人工智慧熱潮嗎？
你還記得不記得第三次熱潮的關鍵字是什麼？

好像是「機器學習」和「深度學習」……
打開
沒錯。
其實「深度學習」也是機器學習的一種。
接下來會慢慢說明。
嗶嗶！
這是在入口會有的……
對的，就是監視器。
在這整座城市，除了建築物的入口，還有很多地方也都設置了監視器。
它們所使用的是人工智慧的影像辨識技術。
影像辨識？
你們倆要來這裡參觀之前，應該有請你們先提供個人資料，以及簽訂保密條款吧？
對呀。

系統會對照那些資料，辨識每一個人，然後記錄下你們倆的一切行動。
如果發現紀錄中是「不該出現在這座城市的人」，系統就會立刻聯絡總部。
※轉動
要是犯法，馬上就會被抓起來啊！
※嗶嗶嗶
是啊。
不過，人會有各種不同的表情，而且動作多變，要鎖定出同一個人沒那麼容易吧。
之所以辦得到，
靠的就是人工智慧的「深度學習」技術。
嗶
！
是關鍵字……
轟～

在第二波人工智慧潮時，如果能夠對人工智慧輸入大量「知識」，它們就能做出類似人類的行為，但基本上無法超越輸入的知識。
而且，由於電腦不會自行理解事物的意義與相關性，我們得輸入的知識量就變得異常龐雜，簡直沒完沒了。
不過，進入一九九〇年代後，隨著環境有了改變，得以輕鬆取得大量資料。
就是網路吧。
對。
隨著網路發展，首先「統計自然語言處理」這個領域迅速進展。
比方說，在思考翻譯的時候，不用去想文法結構、語意結構，只要想著套用機器式翻譯機率高的模式，就行了。
也就是說，使用既有日文紀錄、又有英文紀錄的大量文字資料，簡單的套用「通常英文這個單字有很高的機率會翻譯成日文的這個單字」這樣的模式，就可以了。

不用像過去那樣，得先確實掌握文法相關知識，或是想表達的意思，才能夠翻譯。
而是運用現成的大量資料，讓人工智慧自己「學習」研究。
這就是機器學習。
嗯？
人工智慧只是套用，但其實並不理解，是這樣嗎？
這樣子……能算是學習嗎？
先不論「理解」指的究竟是什麼，
但就算是人類，小孩子學說話的時候，也沒特別鑽研文法吧？
這倒是……
再說，「學習」這件事，基本上來說就是在進行「區分」。
比方說，看到某個東西的時候，想要知道這東西能不能吃。
換句話說，這就是區分成「能吃的」和「不能吃的」，「判斷出是Yes，還是No的問題」。
Yes
No
是敵是友？是公的還母的？能不能借錢給那個人？工作是不是能開始著手？凡此種種……
其實都是由「是Yes還是No的問題」組合之後，做出判斷。
No
Yes

人類具備極高的智慧，因此可以將非常細部、甚至是乍看之下覺得毫無意義的世界加以「區分」。
而提升這個「Yes或No問題」的正確率的過程，其實就是學習。
機器
大量資料
區分方式
機器學習就是電腦在處理大量資料的同時，自動學習「區分方式」。
如果電腦能學會「區分方式」，接下來，它就能夠「區分」未知的資料。
比方說，電腦一旦學會怎麼區分出「貓」，之後看到貓咪照片的瞬間，就能夠辨識出「這是貓」。
哇——……!
貓咪的特徵
·有兩隻耳朵
·有兩隻眼睛
·耳朵長在頭上方

人工智慧真是深奧啊！
聽完感覺像是懂了，又好像沒懂……
藍真是知識淵博耶！
對呀對呀！你跟我們兩個年紀差不多吧？
謝謝誇獎。
微笑
我就做這行的嘛。
哈囉！
噗噗——！

你們要去哪裡啊？如果順路，就讓你們搭便車。
永里大哥！
非常謝謝。
那我們就恭敬不容從命，搭你的便車囉。
哈哈哈！你還是一樣這麼拘謹啊。
來吧，你們三個都上車吧。
是今天早上那位！
要去哪裡呢？嗶嗶！
※嗶嗶
我們就到住宅區吧……
居住地区
接下來車子就會自動把我們載到目的地了嗎？
嗯～我只需要坐在這裡就行了。

如果有什麼人突然衝到車子前面，車子會自動停下來。
目前這座城市裡車輛雖然還不多，但假如看起來快要塞車的話，所有車輛都會自動選擇效率最好的路徑來行駛。
好厲害！
既然這樣，不用永里大哥開車，無人駕駛也可以……
是可以這麼說，不過……
目前這款車還沒有在一般道路實際行駛，萬一出狀況，車上有人的話，也比較令人安心。
雖然說自動駕駛比起人類駕駛要安全許多，但也不可能達到完全零事故……

現在我們經過的是生產綠地區域。
哇！竟然有牛耶！
你們要不要下車看看？
哇！
那個東西是什麼啊!?
喔，那是牧羊犬機器人。
它會負責分辨放牧中牛群裡的每一隻牛，還會控制管理每天應該要給牛隻多少飼料。
真是太神了。機器人竟然連這些都做得到！

在第三波人工智慧潮，人工智慧能做到的事一下子增加了很多。
回到剛才的話題。仔細看的話你會發現，其實那一群牛每隻都長得不一樣。
不過，你們倆看一眼就知道那是牛。對吧？
這其實是因為你們已經學過「牛的特徵」了。
那麼，牛的特徵究竟有哪些呢？
我知道！
嗯……
如果是乳牛的話，毛色是黑白花。
身體是黑白花的動物還有很多唷。還有什麼差異呢？
……這個嘛，體型大小不一樣，而且長了角……
沒錯。
我們應該是根據好幾個特徵，才能瞬間判斷出那是牛。
不過，與其說是用語言去理解，更像是看到整體之後，不知不覺就能判斷。
是啊……

想像一下，要區分一群貓和狗。這應該更困難吧。
貓和狗也會因為種類而有不同的長相，牠們的眼睛、耳朵、尾巴等，也各有各的特徵。
但是我們人類幾乎都能一眼就分辨出那是貓還是狗。
我們究竟是掌握了貓和狗的哪些特徵？又是如何「區分」的呢？
經你這麼一說，確實是有點難吶……
到底是怎麼知道的啊？
這是因為人會在下意識就挑選出辨識所最需要的一些特徵。
我們人類是很擅長掌握特徵的生物。

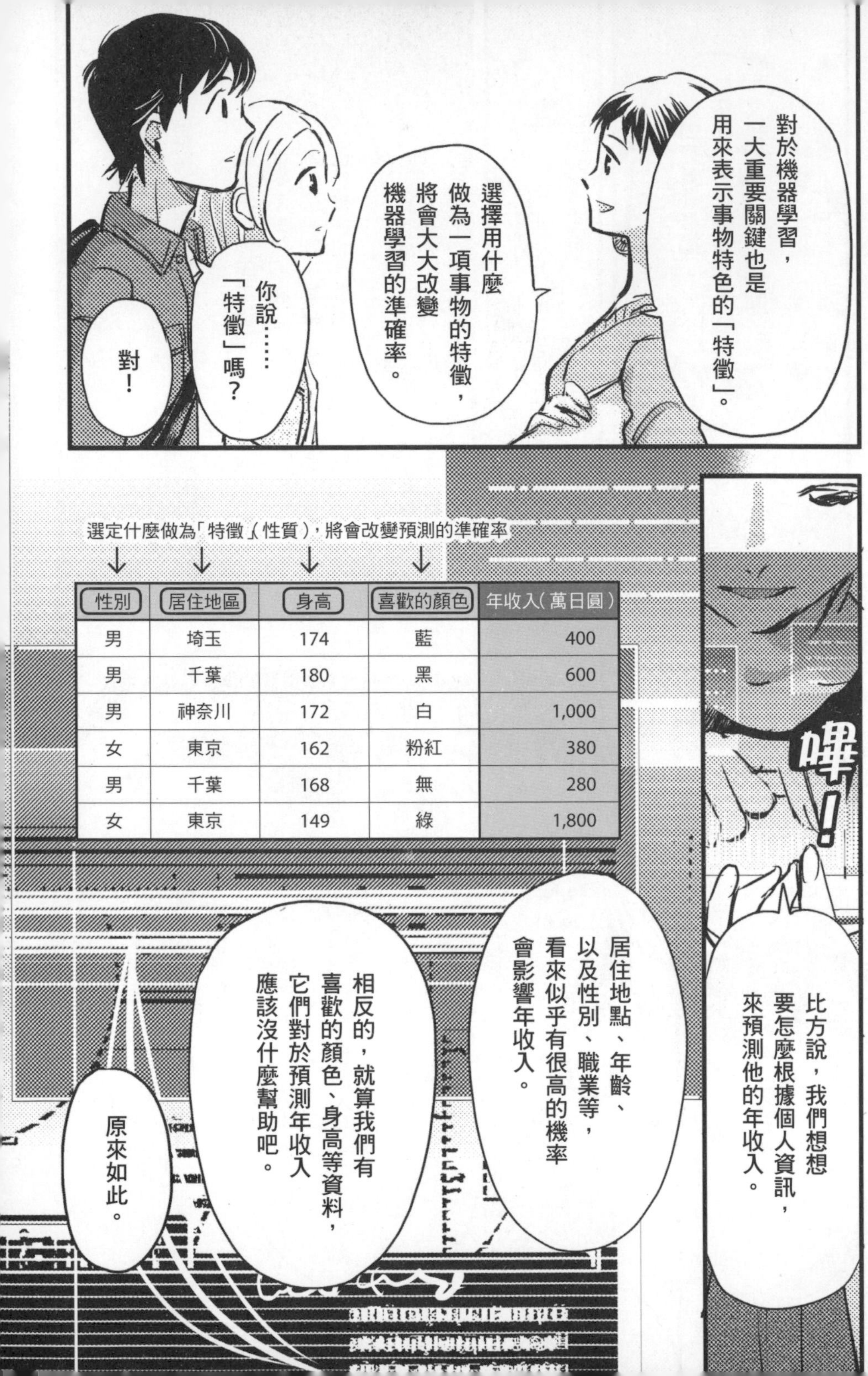

性別	居住地區	身高	喜歡的顏色	年收入（萬日圓）
男	埼玉	174	藍	400
男	千葉	180	黑	600
男	神奈川	172	白	1,000
女	東京	162	粉紅	380
男	千葉	168	無	280
女	東京	149	綠	1,800

為了推導出某個結論，決定要輸入什麼特徵是非常重要的，這也是過去機器學習所面臨最大的瓶頸。
過去的機器學習，思考輸入什麼特徵的，都還是我們人類。
這一點現在已經改變了嗎？
是的。
現在電腦已經會根據數據，自行設計出高品質的特徵。
電腦之所以能辦到這件事，靠的就是「深度學習」。
剛才提到的……！

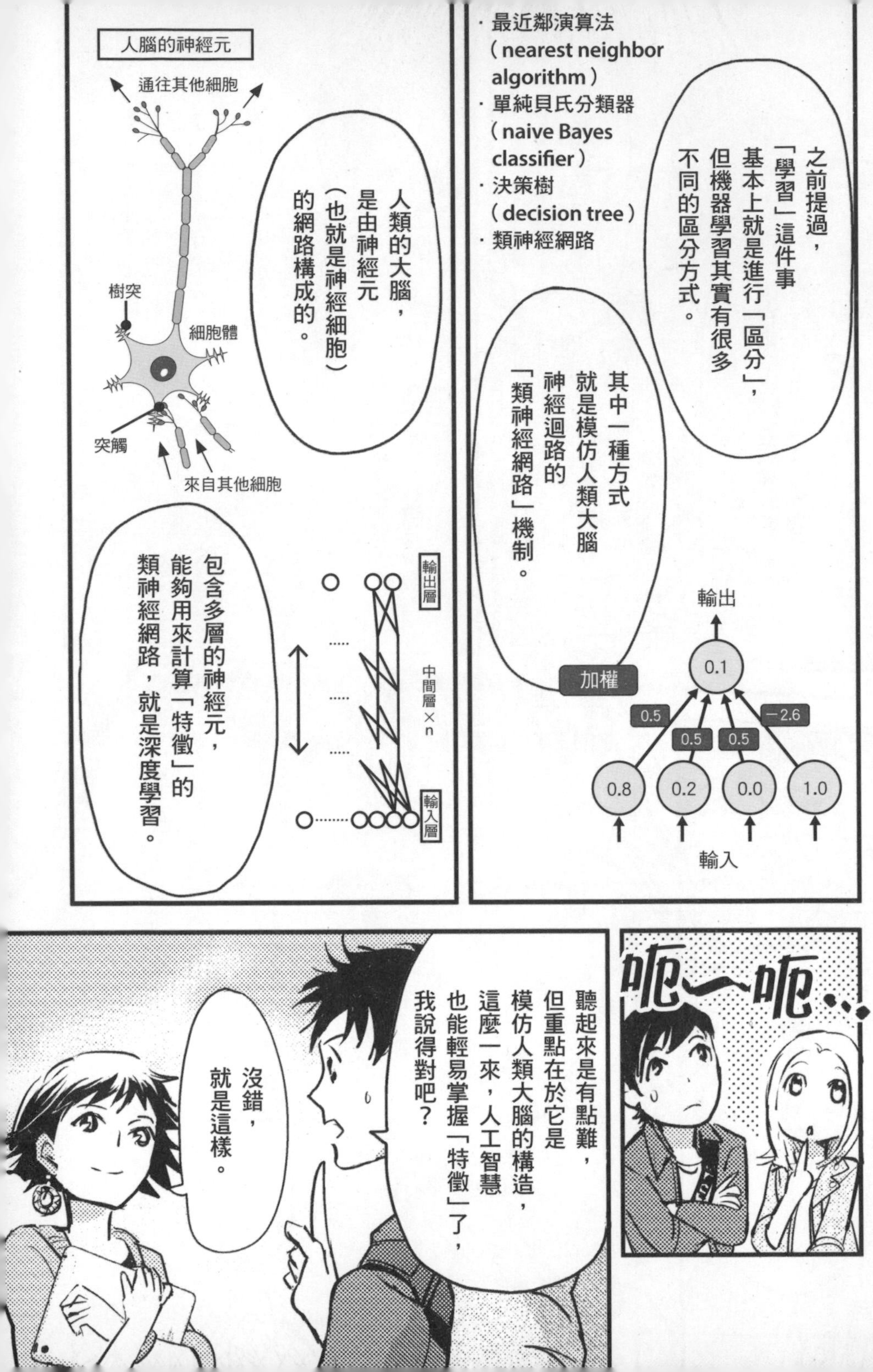
·最近鄰演算法（nearest neighbor algorithm）
·單純貝氏分類器（naive Bayes classifier）
·決策樹（decision tree）
·類神經網路
之前提過，「學習」這件事基本上就是進行「區分」，但機器學習其實有很多不同的區分方式。
其中一種方式就是模仿人類大腦神經迴路的「類神經網路」機制。
輸出
0.1
加權
0.5
0.5
0.5
−2.6
0.8
0.2
0.0
1.0
輸入
人腦的神經元
通往其他細胞
樹突
細胞體
突觸
來自其他細胞
人類的大腦，是由神經元（也就是神經細胞）的網路構成的。
輸出層
中間層×n
輸入層
包含多層的神經元，能夠用來計算「特徵」的類神經網路，就是深度學習。
呃〜呃…
聽起來是有點難，但重點在於它是模仿人類大腦的構造，這麼一來，人工智慧也能輕易掌握「特徵」了，我說得對吧？
沒錯，就是這樣。

由於有了深度學習這項技術，
電腦因而獲得了
自動學習「特徵」的能力，
至少在影像與語音這些領域，
電腦的準確率
有了大幅度的進步。
換句話說，
我們能夠做出
像人類一樣
有眼睛或耳朵的設備
或者機器人了。
人類大腦的
結構嗎？
是要
模仿……
好驚人的
時代啊!!
你們幾個，
要走嘍。
哦……好的。
咦？
藍呢？
藍……

藍——？
……
快點啊。
馬上過去！
她剛剛在做什麼呢——？
※住宅區
居住地区
待會先通知我，我就來接你們哦。
好的，謝謝你。

這就是
未來的住宅嗎……
看來跟一般的住家
沒什麼太大差異啊，
只是整體看來方方正正的。
這是因為外牆有很多地方
也會使用到液晶螢幕，
所以牆面平坦會比較方便。
我帶你們倆看看
樣品屋裡頭的樣子吧。
嗶！
哇！

解說 03-1 第三波人工智慧潮與機器學習

第三波人工智慧潮展開

以往的人工智慧，我們輸入什麼知識，它最多就只具備那些知識。由於當時的AI無法自行了解事物的意義與關聯，因此我們要輸入的知識過於龐雜，令人一籌莫展——第二次人工智慧潮因此退燒。

然而，從一九九〇年代後期到二〇〇〇年代，拜網際網路普及之賜，人們開始得以方便的取得大量資料，狀況因而改變，使用大數據的「機器學習」就此發展起來。

機器學習以及近年經常聽到的新技術「深度學習」（特徵表達學習），為第三波人工智慧潮拉開了序幕。接下來ＩＢＭ研發「華生醫生」程式、人工智慧與世界棋王下棋取得勝利，以及人們對於「奇異點」（參見第七章）感到疑懼等等，這些具有代表性的事件、新聞陸續出現，再次掀起第三波人工智慧的高潮。

「機器學習」的架構

這裡先說明一下「機器學習」究竟是什麼。

前面提到，由於我們能藉助網際網路取得龐大資料，人工智慧的研發出現了大轉變。其中最先發展完成的，是「統計自然語言處理」這個領域。

也就是說，**例如思考翻譯時，不用去思考文法結構或語意，只要機械式地套用機率高的譯法就行了**。換句話說，人工智慧並非確實掌握了文字所表達的意思，才進行翻譯的，而是使用互譯的兩種語文所記述的大量資料去判斷，像是「在英文中，這個句子的這個單字，有很高的機率會翻成日文的這個詞」，然後單純的套用。人工智慧以這種模式自行

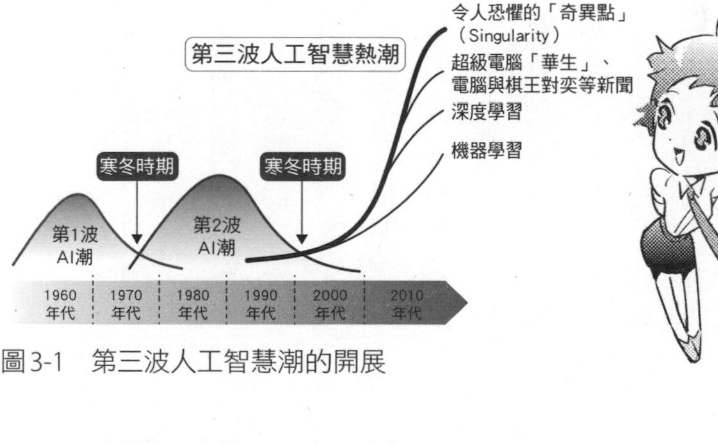
第三波人工智慧熱潮
令人恐懼的「奇異點」（Singularity）
超級電腦「華生」、電腦與棋王對奕等新聞
深度學習
機器學習
寒冬時期
寒冬時期
第1波 AI潮
第2波 AI潮
1960 年代
1970 年代
1980 年代
1990 年代
2000 年代
2010 年代

圖3-1　第三波人工智慧潮的開展

「學習」以提高準確率的過程，就是「機器學習」。

學習就是「區分」

讓我們來思考一下，「學習」究竟是什麼。

漫畫裡也提過，**學習的主要基礎就是進行「區分」**。例如，看到一個東西時，想知道能不能吃——這就是區分「能吃的東西／不能吃的東西」的「Yes或No問題」。又比如希望一眼就辨識出是蛋糕？壽司？還是烏龍麵？也可以視爲三組「Yes或No問題」的組合。

事實上，生物爲了生存，不時在「區分」事物，像是：這能吃嗎？還是不能吃？對方是敵是友？是雌是雄？提升回答「Yes或No問題」的準確率、正確率，就是學習的過程。**由於我們人類具備更高的智商，因此會去「區分」更細膩、乍看之下無意義的環節**，藉此判斷比如面前的人是敵是友、能不能借錢給這個人、工作上是不是該下達指令了、對某些用戶投放這類廣告好嗎——這些都是組合多個「Yes或No問題」之後，加以判斷得出結論。

機器學習則是指：電腦在處理大量資料的同時，自動學習「區分」的方式，一旦學會如何「區分」，往後就能「區分」未知的數據。

「監督式學習」與「非監督式學習」

機器學習大致上可分為「監督式學習」與「非監督式學習」。

監督式學習是事先針對「輸入」，準備對應的一套「正確輸出」做爲訓練資料，讓電腦去學習。一般來說，會由人類來監督，告訴電腦正確的區分方法，比方說，讓電腦大量讀取加上「分類是花」這個正確標籤的花朵影像，藉此學習花朵的特徵。

至於非監督式學習，則是只對電腦「輸入」大量資料，讓電腦自行學習固定模式與規則，具代表性的作法比如：將整體數據根據某個共同點，區分爲不同的群集（分群），或是從中找出頻繁出現的模式（例如，從一間商店的購買資料中，找出顧客一起購買的機率較高的商品組合）。

人類具備極高的智慧，因此可以將非常細部、甚至是乍看之下覺得毫無意義的世界加以「區分」。
而提升這個「Yes或No問題」的正確率的過程，其實就是學習。

模仿人類大腦的「類神經網路」

前面提過，學習基本上就是「區分」，機器學習裡也有各種區分方式。接下來要跟各位介紹「類神經網路」，它跟之後會提到的深度學習也有關係。

第一章曾提到，「人類的大腦是電路」，而**類神經網路就是藉由模仿人類大腦的神經迴路，試著做到「區分」**。

人類大腦由神經元（神經細胞）的網路構成，一個神經元接受連結另一個神經元的突觸所傳來的電刺激後，累積一定程度的電就會發火，傳導刺激下一個神經元。用數學來表達這個過程，就是一個神經元從其他神經元接受數值0或1，然後在這個值加上某個「權重」。如果超過一定的閥值則變成1，沒有超過就是0。然後再傳遞到下一個神經元。

下一頁有一張類神經網路模式圖，各個節點（圓圈部分）就是模仿神經元。從下層神經元接收的值經過「加權」之後，總和乘上「S型函數」再輸出。

設定這個「權重」是一連串過程中相當關鍵的一環，這點之後會詳細說明。就像人類神經元會藉由學習來改變突觸結合的強度，電腦在學習過程中也可以改變「加權」來調整輸出最理想的值，藉此提高準確率。

「S型函數」用來將生物神經元具備的特質模式化，在用數學處理電刺激「ON／OFF」時更容易。

用下圖的狀況來計算，就是「0.1」，幾乎不會發火的狀態（OFF）。換句話說，對下一個神經元的影響很小。

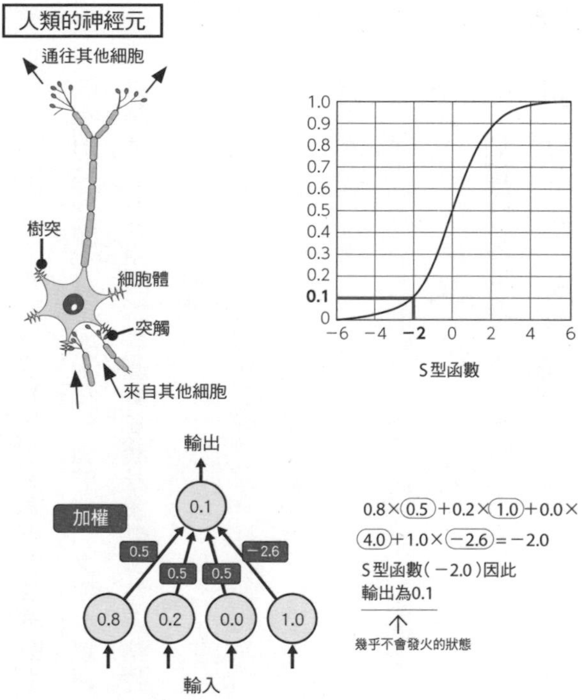
人類的神經元
通往其他細胞
樹突
細胞體
突觸
來自其他細胞
1.0
0.9
0.8
0.7
0.6
0.5
0.4
0.3
0.2
0.1
0
−6 −4 −2 0 2 4 6
S型函數
輸出
加權
0.1
0.5
0.5
0.5
−2.6
0.8
0.2
0.0
1.0
輸入
0.8×0.5+0.2×1.0+0.0×4.0+1.0×−2.6=−2.0
S型函數(−2.0)因此
輸出為0.1
幾乎不會發火的狀態

圖3-2 神經元的模式化

解說 03・2 機器學習的普及與課題

機器學習使得下棋軟體進一步強化

當年，人工智慧打敗西洋棋與圍棋界職業棋士時，消息轟動全球，而**下棋軟體的能力之所以變得這麼強，一大原因就是運用了機器學習，並因此發現了更理想的「特徵」。**

「特徵」就是「數據中該注意哪裡？」程式的動向會因此改變。比方說，「會不會被對方將軍？」就是一項特徵。

將棋軟體過去的特徵是以「兩枚棋子的關係」爲主，但隨著研究發展，衆人逐漸了解使用「三枚棋子之間的關係」更有效。例如「王將與金、銀的相對位置該如何會更有利？」這類過去人們沒看出的相對關係，可以從以往大量的棋譜裡學習，這樣在篩選下一步棋時，就能提升準確率。

使用「蒙地卡羅法」評價

另一個使下棋軟體能力變強的原因，就是在評價棋局分數上採用了「蒙地卡羅法」。

過去在評估棋局時，是用棋子的數目與相對位置來評分，但這方式畢竟是由人來決定。然而蒙地卡羅法到了某個局面時，會放棄這類以分數來評估的作法，轉而模擬雙方隨機輪流移動棋子，直到最後結束。一開始嘗試是自己勝利，接下來是對方勝利，然後是自己……假設反覆持續一百次，結果是八十勝二十敗，分數就是八十，四十勝六十敗就是四十分，像這樣來評估。電腦一秒鐘可以讀取幾億手棋步，因此從某個局面開始，改成模擬隨機往來棋步之下誰能勝出，是很容易的事。

由此可知，**不考慮每一步棋的意義，而以隨機**

對於機器學習，一大重要關鍵也是用來表示事物特色的「特徵」。
選擇用什麼做為一項事物的特徵，將會大大改變機器學習的準確率。
你說……「特徵」嗎？
對！

往來下的勝率評估棋局，會比由人類來評分評估來得更厲害。

運用機器學習辨識手寫字

機器學習在比賽方面的運用，先談到這裡。

以往的機器學習研究，主要用於自然語言處理、圖像、音樂等多媒體，以及機器人等各種領域，但最近的突破則出現在影像辨識領域，常見的例子比如將「辨識手寫字」運用在自動讀取郵遞區號這類事情上。

每個人字跡不同，同樣寫「3」，有的人寫得歪歪扭扭，有的人寫得彎彎曲曲（見下一頁圖示）。雖然各人字跡有些差別，但我們人類仍能辨識出是「3」，但這對電腦來說就沒那麼容易了。

爲了讓人工智慧正確辨識手寫字，是用搜集各式各樣由0到9的手寫數字的大型數據庫MNIST作爲學習資料。這個數據庫裡，有七萬筆手寫文字影像，以各個字跡符合什麼樣的數字來標示正確水準。從數據庫中取出一筆影像，讓類神經網路讀取。在「輸入層」讀取的資料根據「權重」計算之後再傳到「隱藏層」，接著是「輸出層」。在輸出層有對應從0到9的十個神經元，各自在讀取影像後輸出符合該數字的機率。**圖中**

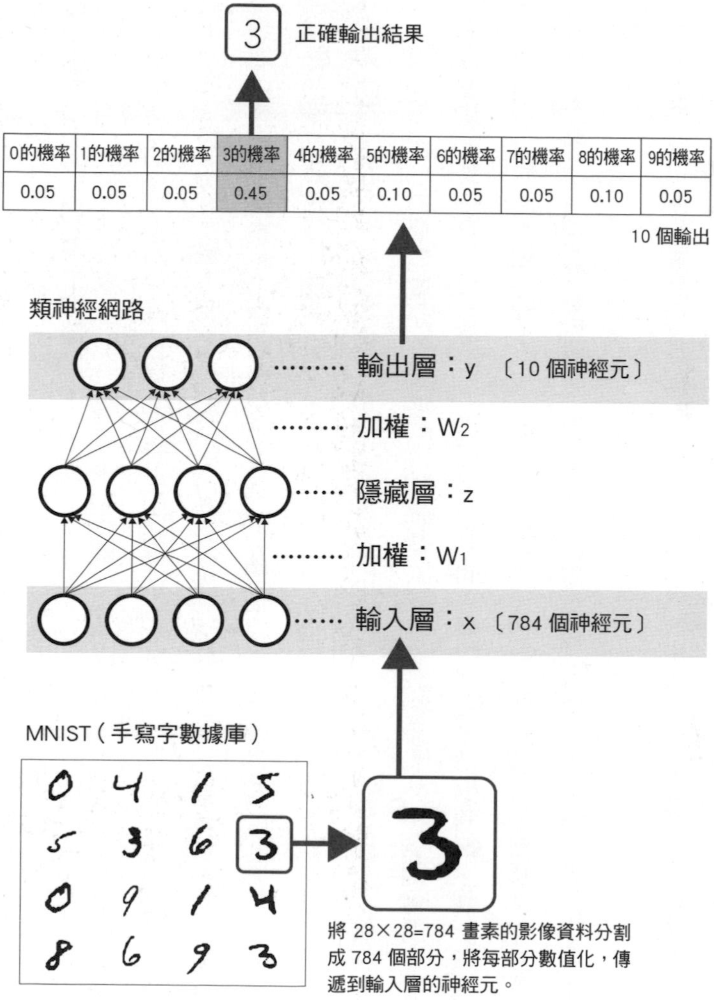
3
正確輸出結果
0的機率 1的機率 2的機率 3的機率 4的機率 5的機率 6的機率 7的機率 8的機率 9的機率
0.05 0.05 0.05 0.45 0.05 0.10 0.05 0.05 0.10 0.05
10 個輸出
類神經網路
輸出層：y 〔10 個神經元〕
加權：W2
隱藏層：z
加權：W1
輸入層：x 〔784 個神經元〕
MNIST（手寫字數據庫）
將 28×28=784 畫素的影像資料分割成 784 個部分，將每部分數值化，傳遞到輸入層的神經元。

圖3-3　辨識手寫字

符合「3」的機率是最高的（0.45），因此判斷出這個手寫字是「3」。

機器學習上的「加權」調整

使用ＭＮＩＳＴ的數據資料學習時，例如輸入「3」的影像，要是誤判爲「8」，就改變連接「輸入層」與「隱藏層」的W_1，以及連接「隱藏層」與「輸出層」的W_2數值，調整到能得到正確答案。這裡的W_1和W_2就是「加權」，相當於神經元之間連結線的粗細。連結線的數量非常多，假設「隱藏層」有一百層，加權的連結線大約就有八萬條。每次答案錯誤時，就反覆調整加權，藉此提高辨識的準確率。

這種學習法的典型就是「誤差反向傳播法」（Backpropagation）。用個簡單的比喻來說明：假設某家公司的主管會根據下屬提呈的資訊，對一些公事做出判斷。判斷正確時，主管與提供資訊的下屬之間，兩者的關係就變強；倘若判斷錯誤，他與導致錯誤的原因（也就是下屬）的關係就會變得薄弱。這種作法多次反覆後，公司做判斷的準確率應該會提升。

加權的修正作業雖然很花時間，但一旦完成，使用起來就很簡單。人在學習時也需要花上一段時間，但使用學習成果就能在瞬間就做出判斷。兩者道理是一樣的。當電腦

輸入
資訊A
資訊B
資訊C
資訊D
決策X
決策Y
成功
失敗
輸出

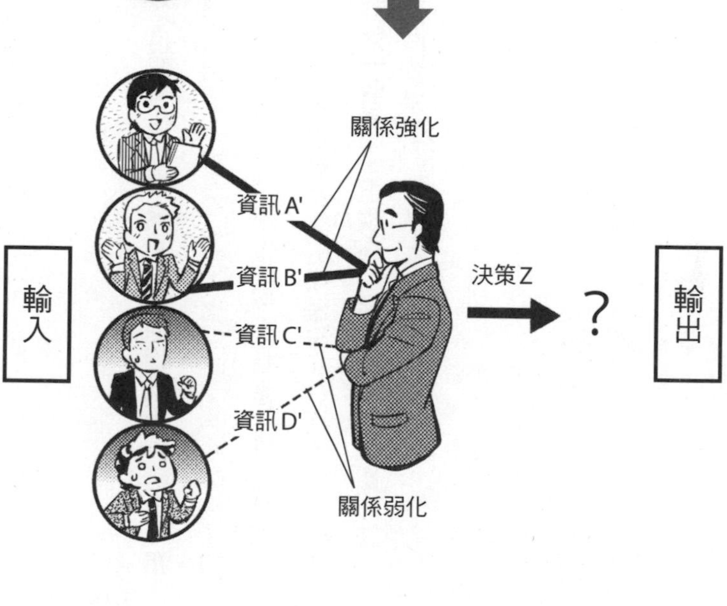
輸入
關係強化
資訊A'
資訊B'
資訊C'
資訊D'
關係弱化
決策Z
?
輸出

完成調整加權之後，就能瞬間辨識出手寫字是「3」。

機器學習的課題

隨著機器學習研究的發展，人工智慧也開始能針對未知領域進行判斷、辨識及預測。這項技術，在網路與大數據領域也廣泛運用。

然而，機器學習也有弱點，那就是「設定特徵」。漫畫中提過，「特徵」就是機器學習輸入時使用的變數。選擇什麼做為特徵，將大大影響預測的準確率。

以往的機器學習，最終是由人類來設計「特徵」。但現在，已經逐漸發展出方法，從給予電腦的數據中設計出重要「特徵」——這方法就是「深度學習」。

我們將會在下一章仔細介紹這部分。

CHAPTER 4

人工智慧的新時代②

New Epoch of Artificial Intelligence 2

這是……？
咦？是走廊嗎？
怎麼這麼寬敞呀？
呵呵～

呵呵
其實那只是液晶螢幕的影像啦。
啊！原來是這樣啊！
大吃一驚
怎麼樣在狹小的住宅裡，打造既寬敞又舒適的空間呢……
パッ
※開闊
日本不是有一種手法叫做「借景」嗎？
使用液晶螢幕的話，就能夠呈現各式各樣的景致了。
哇！又變了耶！
好厲害……
大家好。

啊！是你！
我們又見面嘍。
我是薇特。
這地方是樣品屋。
請你們慢慢的盡情參觀。
好、好的。
廚房也好寬敞喔！
太美了

パッ
※現身
你們想要煮什麼菜呢？
哇！無所不在耶！
※接連出現
パパパッ
根據冰箱的材料推薦的是……啪啪啪啪！
這是什麼啊⁉
這裡因為是樣品屋，所以沒有特別跟使用者連結。
基本上，薇特會用手環上的紀錄，來掌握住宅居民一整天消耗的熱量。
然後配合這個用戶的健康狀態和喜好，安排出最理想的菜單。
欸——，這個也很厲害耶！
太強了！

這整面牆都變成電視了！
哇！
一點都不占空間，好好哦。
呃……遙控器呢……
要操作的時候，使用桌上顯示的觸控螢幕，就可以了。
哇！無所不在！
※現身
這就好比沒有按鍵的智慧型手機。
使用觸控螢幕的話，只要在需要的地方、需要的時候，出現需要的功能，就行了。
對耶。
theater
news

比方說，像這樣……
按下
ブワッ
※拉開
哦哦——！
這下子這地方就變得好像電影院耶！
有人工智慧的住宅真炫耶……
不過，人工智慧最重要的功能，是學習之後不斷演化。

啪！
透過連接網路的家具，人工智慧就能夠收集到許許多多這戶人家成員的各種數據，用來學習。
接下來，AI就能提供屋主認為舒適的環境。
舒適的環境啊……？
比方說，體感溫度。
請問你們兩位，夏天你們開冷氣時，通常會將溫度設定成幾度呢？
冷氣？
我設定在28度。
太低我會手腳冰冷……
咦！我都設25度耶。
好高！
果然，每個人覺得舒適的溫度都不一樣呢。
有了人工智慧，就能掌握每個人感到舒適的溫度，風向甚至能配合每個人的動作。
說不定還能保持每個人各自喜歡的理想溫度。
25℃
28℃
原來如此。

還有，每個人回家後會做的事，都不一樣。
有些人呢，會自己下廚做飯吃，也有人買了超商便當就解決一餐。
有的人一回到家就先洗澡；也有人會先看看電視，想放鬆放鬆心情。
愛看什麼節目，喜歡怎樣的音樂，都會因人而異。
這倒是……
使用GPS就能知道住戶回家的時間，也就能提早安排，讓住戶回到家時，就能馬上享受到舒適的溫度與空間。
不需要用戶一一設定，人工智慧可以根據這個人的行為模式，學習並且預測。
然後，就能夠提供舒適的環境。

太強了……
接著來看看其他房間吧。
哇!
藍……?
是不是有什麼狀況?
呃,沒事……
手環燈號一閃一閃的?

藍，你的手環跟訪客用的好像不一樣耶。
這是我個人的專用手環。
對呀。
要是沒有的話，我就——
藍？
怎麼了？
兩位，不好意思。
接下來可以請你們自己在這裡參觀一下嗎？
咦？

要是有什麼不清楚的，你們可以問薇特，她都能夠回答。
萬一遇到緊急狀況，只要按下手環上的按鍵，就會有人回應……
……沒、沒什麼。
發生什麼事了嗎，藍？
我大概一個小時內就會回來……

現身
究竟怎麼回事啊……
兩位，有什麼事嗎？
哇！又出現了！
藍剛才不知道為什麼，一臉嚴肅的跑出去了……
一臉嚴肅啊……那是什麼樣的表情呢？
你們好！我是薇特。
對對對，就是這樣！
竟然能夠正常交談耶。
欸，薇特。
你是自己思考的嗎？
你這話是什麼意思？

呃……意思就是呢，
你是不是也跟人類一樣擁有「心」呢？
人類的心？那是什麼？
咦？
人類以前不也覺得ELIZA（程式）也一樣擁有「心」嗎？
ELIZA
呃……
但是，ELIZA其實只不過是人類輸入簡單的規則所打造的程式……
你說……規則嗎？

人類的心
是依照什麼樣的規則
建立的呢？
咦？
震動
鎖上
※強力震動
!?
手環……？

※緊急通知
緊急通知!?
怎麼回事……
我猜很可能是有外面的人闖進來了。
大概是有沒經過登錄的人不小心進入園區吧。
外面的人？
藍剛才不太對勁，該不會也跟這件事有關係吧？
也有可能只是系統哪裡出錯了。
……外面好像在廣播什麼。

我去外面聽聽看在講什麼！
欸！等等！
小心剛剛跑出去了耶。
唉……
嗯……
看起來好像沒什麼異常狀況嘛。
沙沙
※沙沙沙沙沙沙沙

她就這樣跑出去了耶。
藍明明交代要我們在這裡等她的呀。
不知不覺交談起來……
薇特和藍……
果然長得好像啊。

人工智慧影像的這個代言人跟藍的樣子感覺也有幾分神似……
……
該不會藍也……
不對不對不對！
不可能有這種事！
人類的心……

解說 04-1 深度學習是什麼？

電腦自行擷取出特徵

　前一章提過，深度學習有別於以往由人類來設計特徵，是由電腦自行擷取特徵的技術。**拜深度學習之賜，人工智慧終於踏入過去必須人類介入才能成立的領域**。這項成就，說是「人工智慧研究近五十年來的重大突破」也不爲過。

　不過，因此認爲能藉由深度學習，打造出與人類大腦相同的人工智慧，那還言之過早，因爲目前的深度學習還有很多不完備的地方。另一方面，如果像之前一樣，僅僅將深度學習視爲「一項手法」，那麼也誤判了這項技術的潛能。深度學習能夠做到原本人工智慧不擅長的「表達特徵」，因此接下來是否會引發一連串重大突破，值得關注。

深度學習＝「具備多層結構的類神經網路」

深度學習，簡單來說就是具備多層結構的類神經網路。

類神經網路我們已經在前一章介紹過，其中的「隱藏層」（中間層）非常深，有好幾層。由於人類大腦就是有好幾層結構，AI領域起初也進行了建立多層類神經網路的研究，卻無法順利提升準確率，直到有了深度學習技術才終於成功。

藉由運用深度學習，語音辨識和影像辨識的技術有了長足的進步，這幾年來所矚目的新技術「循環神經網路」（Recurrent Neural Networks；RNN）也獲得重大成果。循環神經網路在自然語言處理的運用上特別受到期待，例如將整句話分成幾個字詞，就容易推測接下來出現的字詞。最近機器翻譯的準確度出現驚人的進步，也是拜循環神經網路之賜。

解說 04-2 人工智慧研究的重大突破

從龐大的影像資料獲得「貓」的概念

二〇一二年，谷歌的研究人員發表了「Google貓臉辨識」的研究成果，一時聲名大噪。這項研究是從YouTube影片中擷取出一千萬筆資料，進行深度學習，讓電腦擷取特徵，從而表達出看起來像貓的特徵。**換句話說，就是電腦從龐大的影像資料中辨識出「貓的特徵」——也就是獲得了「貓」的概念。**

如果電腦能自行建立起概念，在這個階段只要套用上「這是貓」的記號，之後電腦一看到貓的影像，就能判斷出「這是貓」。各位應該能想像，這是多了不起的事。

不過，據說這項研究一共處理了一千萬筆影像資料，使用了連結一百億個神經細胞的巨大類神經網路，運用一千台電腦（一萬六千個處理器）跑了三天才完成。由此可知，電腦爲了擷取人類在下意識擷取出的特徵，必須要進行非常龐大的運算。

此外，這項研究從數據中理出各種特徵的階段，是屬於「非監督式學習」，但在最後分類時，也就是給予「具備這個特徵是貓」、「這是狗」等正確答案的階段，則是「監督式學習」。大家可以把這想像成：要讓還不會講話的小嬰兒認識周遭事物時，多半是父母告訴他：「這是○○唷。」這樣或許比較容易了解。

可能有人會想：「結果還是採取監督式學習，那麼使用深度學習也沒什麼意義吧？」這就大錯特錯了。是否能在最初獲得概念，所需的「學習資料」程度也完全不同。

深度學習打破了人工智慧研究的重大障礙

過去人工智慧研究遇到的重大障礙，無論是框架問題還是符號接地問題，最後電腦都無法自行篩選出特徵，自然也無法使用特徵來表達概念。**然而深度學習出現後，至少在影像和語音的領域，有了能解決這些問題的途徑**。電腦本身能從數據中找出簡單的特徵，並以此爲基礎，進一步找出更高維度的特徵。電腦有了使用這些特徵表達的概念，再運用這些概念記述知識，如此便有了切入點，去突破人工智慧最大的難關。

當然，運用深度學習的不僅僅是影像和語音，而且光靠目前的深度學習技術，也不可能解決所有「特徵表達問題」。但能肯定的是，這絕對是一個重大突破。

人工智慧的研究，起源於至今大約六十年前的一個念頭——「照理說，人類的智慧不可能無法以程式來實現」。然而，這件事之所以遲遲無法實現，就是因爲有個很難克服的困境，也就是具備表達特徵的能力。

隨著深度學習技術出現，爲突破障礙帶來了希望。雖說就算能破除這道巨大障礙，難保接下來不會遇到更多難題，然而這仍是非常震撼的進展，它讓人們再次得以挑戰「一定能以程式來實現人類智慧」這個目標——或說夢想。

人類的大腦，在物理上終究有它的極限。比方說，世界上不可能找到一個腦容量比常人大上十倍的人。但如果是電腦，有十台就有十倍的腦力，有一百台就有了一百倍腦力，因此假使電腦能達到人類的智能水準，可以說它就能夠超越人類的智慧。

這真的有可能發生嗎？本書將在第七章進一步介紹。考量人工智慧時，很多人疑惑的是AI是否有「心智」(mind)。目前人工智慧技術持續進步，在可見的未來，我們是否能夠創造出和人類同樣的「心智」呢？

下一章裡我們再仔細探討。

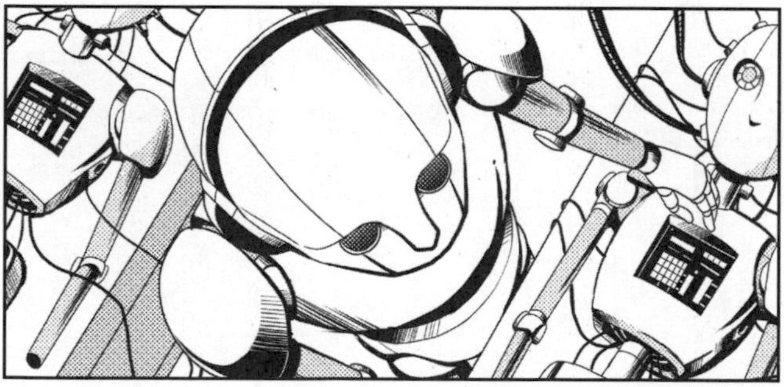

二〇一二年的衝擊

二〇一二年，在全球性的「ImageNet專案大規模視覺辨識競賽」（ImageNet Large Scale Visual Recognition Challenge；ILSVRC）上，許多人工智慧研究人員大為震驚。因為，首次參加的加拿大多倫多大學，以該校開發的「SuperVision」獲得壓倒性的勝利，遠遠超越其他知名研究機構開發的人工智慧。獲勝的主因，就是該校教授傑佛瑞·辛頓（Geoffrey E. Hinton）率領的團隊開發的「深度學習」技術。

這項競賽是從一千萬筆圖像資料來學習，使用十五萬筆圖像資料測試，以辨識正確率較高（實際上是誤差率較低）者勝出。各個大學、研究機構每年都絞盡腦汁，設法讓誤差率下降區區零點幾個百分點。

結果，在這個一年內誤差率很難降低百分之一的競賽中，這一年竟然出現誤差率在26%左右的驚人成績。

然而，拿下冠軍的「SuperVision」誤差率竟然只有15%左右，大獲全勝。

CHAPTER 5

人工智慧與心智

Artificial Intelligence and Mind

人類的心智啊……
欸，薇特。
我跟你之間最大的差異是哪裡呢？
你說差異嗎？
這問題對我來說太難了。
知也，那你認為呢？
咦！我？
唔……好難欸。
我的內建程式設定，要是遇到困難的問題，就用問題來回答。
呵呵。
原來如此……
欸，你不能把這個告訴我吧？
話說回來，影像製作得真是精巧耶。

欸，薇特，你現在笑容滿面。
但你是什麼時候會覺得「高興」呢？
你是在說犒賞系統嗎？
哦？這次她沒有用原話反問我了。
犒賞系統是什麼？
人類或動物在需求獲得滿足時，神經系統中的犒賞系統會活化，讓生物產生愉悅的感受。
需求獲得滿足……？
是的。
比方說，食慾之類的生理需求，或是更高等級像是受到肯定與認同的需求……
就是這個！
那你有什麼樣的需求呢？
剛才你為什麼會笑呢？

喔，那是因為我的程式設定了客戶的笑容是犒賞系統。
所以我看到對方的笑容，也會跟著笑起來。
哦──，原來如此。
真厲害。你看得懂我在笑呢。
是啊。
在我出現的地方周圍一定都裝設了攝影機。
哇！真的耶。
運用深度學習的技術，就能夠辨識出笑容。
照這樣說，其實你跟我說不定並沒有相差太多。
但是我的程式裡沒有設定生理需求。
生理需求……
對哦，畢竟你沒有身體嘛。
請伸出手。

撲空
人類大腦中具備了避免危險的神經，但是我的程式裡並沒有這項設定。
由於我沒有身體，也就不需要避免危險了。
話說回來，一談起大腦機制，你就滔滔不絕呢。
是這樣嗎？
如果你也同樣具備避免危險的情緒，
應該就會在程式中設定避免像是「電力快用完」的狀況吧……
對了……
說到危險，我差點忘了！
小心還在外面吧？

是的，小心還沒有回來這裡。
也太久了吧……
我出去看看。
請慢走。
小心——
小心——！
——剛才的緊急警報聲……
到底跑到哪裡去了……
難道她到街上了嗎？
也可能是有未經登錄的人誤闖進園區——
話說回來，這地方管理那麼森嚴有可能讓人隨便誤闖進來嗎？

該不會是有歹徒闖進來吧？
啊啊啊啊
而且還把小心給綁走了……
哇哇哇
能不能用手環聯絡上小心呢？
哎呀，剛才應該先問藍手環要怎麼用。
遇到緊急狀況時，只要按下手環的按鍵，就能立刻跟我聯絡……
對了，藍！
伸手
可以聯絡藍！
※驚覺

応答なし
ERROR
※沒有回應
——咦？
這兩人究竟怎麼了——!?
小心！
藍！

喔？怎麼啦？看你一臉慌張。
……這樣啊。
馬上進行修復。
不好意思！

啊……
呃……，搜——搜哩——！
唉姆……
講英文……
敲敲
微笑
咦？
嗶嗶
Excuse me!
冒出
哇！
The official lan
premises is In
I am Japanese
I do not know
Because there

冒出
──── 敷地内の公用語は英語で 僕は日本語がわからないけれど これがあるから困らないよ ──‥ ──‥
※園區內的通用語言是英文，而且我不會講日語，不過有這個就沒問題了。
哇──!?
還有這種功能!?
園區內的通用語言是英文，而且我不會講日語，不過有這個就沒問題了。
哇！可以同步翻譯！
太強了！
有了這個，就算沒學外語也可以溝通。
沒錯。不過也因為這樣，害我的日文一點都沒有進步。
因為根本沒必要學嘛。
這倒是……
對了，你有什麼事嗎？
啊，對喔。
請問你有沒有看到一個年紀跟我差不多的女孩子？

嗯——？
印象中好像沒有欸。
這樣啊……
真不好意思。
請問——剛才是不是有一陣緊急警報啊？
緊急警報？
好像還廣播了一段話……
有這回事啊？
不好意思啊，我剛才一直待在○○○○，沒聽到廣播……
不過我想應該沒什麼要緊的事啦。
咦？
目前系統還沒有建置完成，因此不時會收到一些錯誤的測試警報。
在裡頭的人都不在意啦。
這樣的話，發警報不就沒意義了嗎……
不要緊的！

在這座人工智慧城裡，不可能會發生什麼事情的啦。
再說，要是真的有危險，一定會再聯絡的。
既然這樣，小心究竟去哪啦？
還有，藍呢——？

解說 05-1 心智與身體

人工智慧自行獲得「概念」

人工智慧持續發展下去，將會具備跟人類同樣的概念、能像人一樣思考，並且和人類有相同的自我與欲望——相信很多人都這麼想。但事情並沒有那麼簡單。

首先，在不是由人類傳授「知識」，而是由電腦自行獲得特徵與概念的深度學習中，電腦創造的「概念」其實跟人類的「概念」有時完全不同。

比方說，人類是根據眼睛與耳朵的形狀、整體輪廓、鬍鬚、叫聲、身體的柔軟度等「特徵」來辨識貓；但電腦可能用完全不同的「特徵」來掌握「貓」這個概念，那麼，**如果有人工智慧能掌握到人類尚未以語言表示、或是沒有認知到的貓咪「特徵」，進而用它來區分貓，那也行得通。**

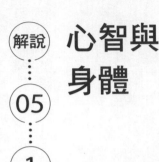

「輸入」資料不同，「特徵」也不同

人工智慧在獲得概念時，「輸入」的資訊跟人類接收的並不相同。人類有身體，可以從五官接收資訊。人工智慧就算像機器人這樣有個軀體，身體構造跟人類仍然不同，接收資訊靠的是感應器。**輸入的資訊不同，自然不會得到同樣的「特徵」**。

例如，人類肉眼看不到的紅外線、紫外線，或是太過微小、移動速度太快的物體；人耳聽不到的高音、低音，或者只有狗才聞得出來的氣味——如果讓電腦讀取這些資訊，得出的結果想必是人類所不知道的世界吧。

在這個前提下建構的人工智慧，或許跟「人類的智慧」是兩回事。

不過，能夠肯定的是確實有「智慧」。

人工智慧不具備的「本能」

人工智慧若要具備與人類相同的思考，還有一個因素不能或缺，就是「本能」。漫畫裡提到大腦的「犒賞系統」，重點在於對事物感到「愉悅」或「不愉快」。

人類是生物，因此**基本上有利於生存（或繁衍）的行為，都會令他「愉悅」，反之會降低生存機率的行為則令人「不愉快」**。

吃美食令人「愉悅」，睡得香甜令人「愉悅」，跟有吸引力的對象談話同樣令人「愉悅」吧。相反的，肚子餓、感覺到危險，或是太熱、太冷等，都會令人「不愉快」。況且，由於人類本是社會化的動物，原本就內建了能感受其他個體情緒（比如愉快）的本能。

電腦要獲得這類與「本能」直接連結的概念並不容易。例如，請想一想「漂亮」這個概念。我們不僅在看到美麗的異性時會覺得「漂亮」，看到風景、甚至某個動作，也會覺得「漂亮」。這想必是我們人類在求生的過程，也就是在社會化以求存活的過程中，逐漸培養而來的感受。或許也可以說，這是具備這種價值觀的個體或種族，長期下來爲求永續生存，而演化出來的概念。

要獲得與人類相同的概念，必須要有肉體

換句話說，**這樣的「本能」基本上是經演化而產生**，與個體在一生中持續發展的「智慧」不同。

如果想打造一套人工智慧，能具備和人類非常接近的思想與概念，那麼至少要給這套系統接近人類的肉體，讓它經歷與人類類似的社會生活。比方說，「危險」這個概念對人類來說，代表身體有很高的機率會受傷，但對於沒有肉體的電腦而言，「危險」這概念就不一樣了，很可能是顯示電源快要被拔掉時的狀況。

不過，**除非是相當程度上介入人類日常生活的機器人，否則其實也沒有必要「具備與人類相似的概念」，倒是更需要單純具備突出預測能力的人工智慧。**

如果你也同樣具備避免危險的情緒，
應該就會在程式中設定避免像是「電力快用完」的狀況吧……

解說 05-2 人工智慧與創造性

兩種創造性

是否能藉由人工智慧實現「創造性」，這一點經常引起很多討論。然而，創造性有兩個意義得先釐清，一是個人在日常生活中的創造性，另一種是社會性的創造性。

獲得概念，或說習知特徵，也可以說就是創造性。日常生活中我們不時會獲得概念，因此或許不會特別覺得這有什麼創造性，但只要是「察覺、發現」某事，就是一種具創造性的行爲。

另一方面，在社會上沒有人想到、沒有人實現的這類創造性，則是以「過去社會中是否有人想到過」爲基準。比方說，即使你自認想到了新的商業點子，如果它已經有人想到甚至付諸實行，那麼你的點子就不算具有創造性；反之如果還沒有人想到過這個點子，它就具有創造性。換句話說，有沒有創造性是相對的。

人工智慧寫的小說

二〇一六年，在日本有人工智慧寫的小說通過了「星新一文學獎」的第一次審核，這則新聞廣受社會大眾關注。這個AI之所以能寫出小說，是因爲有「多變人工智慧計畫我是作家」這個計畫，讓人工智慧撰寫日本已故科幻作家星新一的極短篇作品。這個計畫以星新一留下的一千多部短篇作品資料爲基礎，進行讓人工智慧寫小說的研究。一般來說，電腦不擅長書寫像小說這類創作性高的文章，卻很擅長製造出大量高機率的組合，運用重覆試誤來提升結果的水準。如果能分析、解讀過去龐大的小說資料，提升作品的水準，那麼或許AI最後可以自動創作出類似星新一的作品。

只不過，現階段人工智慧仍無法從零開始創作小說，前面提到通過第一次審核的小說，故事架構也是由人先寫好。要人工智慧寫小說還是太難了，撰寫新聞稿就相對容易。美聯社在二〇一四年引進了撰寫企業決算報告報導的人工智慧，只要有一家公司的營業額、獲利等重要數據，就能自動產生和一般報章雜誌格式類似，篇幅一百五十到三百字的報導。

「強人工智慧」與「弱人工智慧」

人工智慧的研究，從以前就分成「強人工智慧」與「弱人工智慧」兩種立場。一開始是哲學家約翰·希爾勒（John Searle）提出「具備正確輸入與輸出，以及適當程式的電腦，在意義上就跟人類擁有心智一模一樣，也具備心智」。這樣的立場就是主張「強人工智慧」。

至於「弱人工智慧」的立場，則是主張電腦不需要像人類一樣有心智，只要能藉由有限的智慧，來解決知識上的問題就行了。

講到「強AI」與「弱AI」，經常會提到「中文房間」（Chinese room）這個假想實驗：

假設有個不懂中文的人待在一個房間裡，房內有一本大冊子能查詢房外的人遞進來、用中文寫成的問題，也能教他該怎麼回答。那麼雖然他與房外的人往往返返交換問題與答案，看似彼此在交談，但實際上他還是不懂中文吧？

這項討論最後會遇到一個非常哲學性的問題——「『意識』究竟是什麼？」

各位對此有什麼想法呢？

CHAPTER 6

人工智慧改變未來

Artificial Intelligence Will Change the Future

哎呀，真不好意思。
還讓你一起來幫忙。
小事小事，別這麼說！
快點追上去吧！
話說回來，沒想到剛才的警報竟然是因為有小貓迷路了。
鑽出
多虧有你啊。不然我一個人搞不定的。
永里大哥？
哦！找到了耶！
嗶嗶
這裡應該是研發區的舊工廠一帶吧。
ピッ
※嗶
在這座城市裡，就連一隻貓也無所遁形耶！
ピッ
※嗶

是啊。只要是在這座城市裡，就逃不過監視器的追蹤。
在這裡頭飼養的貓咪也跟人類一樣，全都經過登錄。話說回來，也因為這樣，沒有登錄的貓就會被當成「可疑份子」。
街上到處都設有監視攝影機，一旦遭到鎖定，就沒有地方能躲藏了。
問題是，你們巡邏的人手應該不夠吧。
追蹤「可疑份子」的工作，全都由我一個人負責……。
總言之，如果整個日本都採用這座城市的機制，這樣一來……
說不定真的就能完全消滅犯罪了耶！
嗯
這倒很難說。
咦？

在固定範圍的場所或區域，這樣做確實沒什麼困難。再說，這座城市裡的各項設施，也都已經實用化。
真要做的話，還可以事先輸入通緝犯的照片，並且設定監視器，讓它在偵測到疑犯的瞬間，立刻發出警報。
不過，若要套用到整個社會，還有很多環節得處理，比方說監視器必須隨時監看……
每個人的臉孔，以及他們正在做什麼，諸如此類。
這倒是……

其實目前住在這座城市裡的居民，並沒有一般公認的「隱私權」。
為了研發的目的，一開始大家都簽了同意書，同意放棄隱私權。
不過，要讓日本所有國民接受，放棄隱私權，實際上不是那麼容易的事。
……真是個大難題。
歡迎來到
研究開發區域

這裡的氣氛又不太一樣耶。
因為全部是正在開發中的產品呀。
那塊看板是……？
哦哦，那個啊……
你站到前面去看看。
哇！
這是……廣告影片嗎？
是不是為了節約，偵測到有人時才播放呢？
不是……
※出現

重點不在這裡。
可以麻煩你跟我換一下位子嗎？
※出現
咦？這個廣告跟剛才的不一樣……
其實啊，只要站在前面，系統就會自動分辨性別，播放不同的廣告。
哇……好厲害！
話說回來，一般人在路上不會刻意跑到看板的正前方，所以目前這個狀態還不能實際運用。
這倒是……
不過，有這種技術的話，好像也能應用到一些活動上吧。
對呀。
有了深度學習技術，就能打造出「具有眼睛」的機械和機器人。
接下來就能發展出各式各樣的潛力。

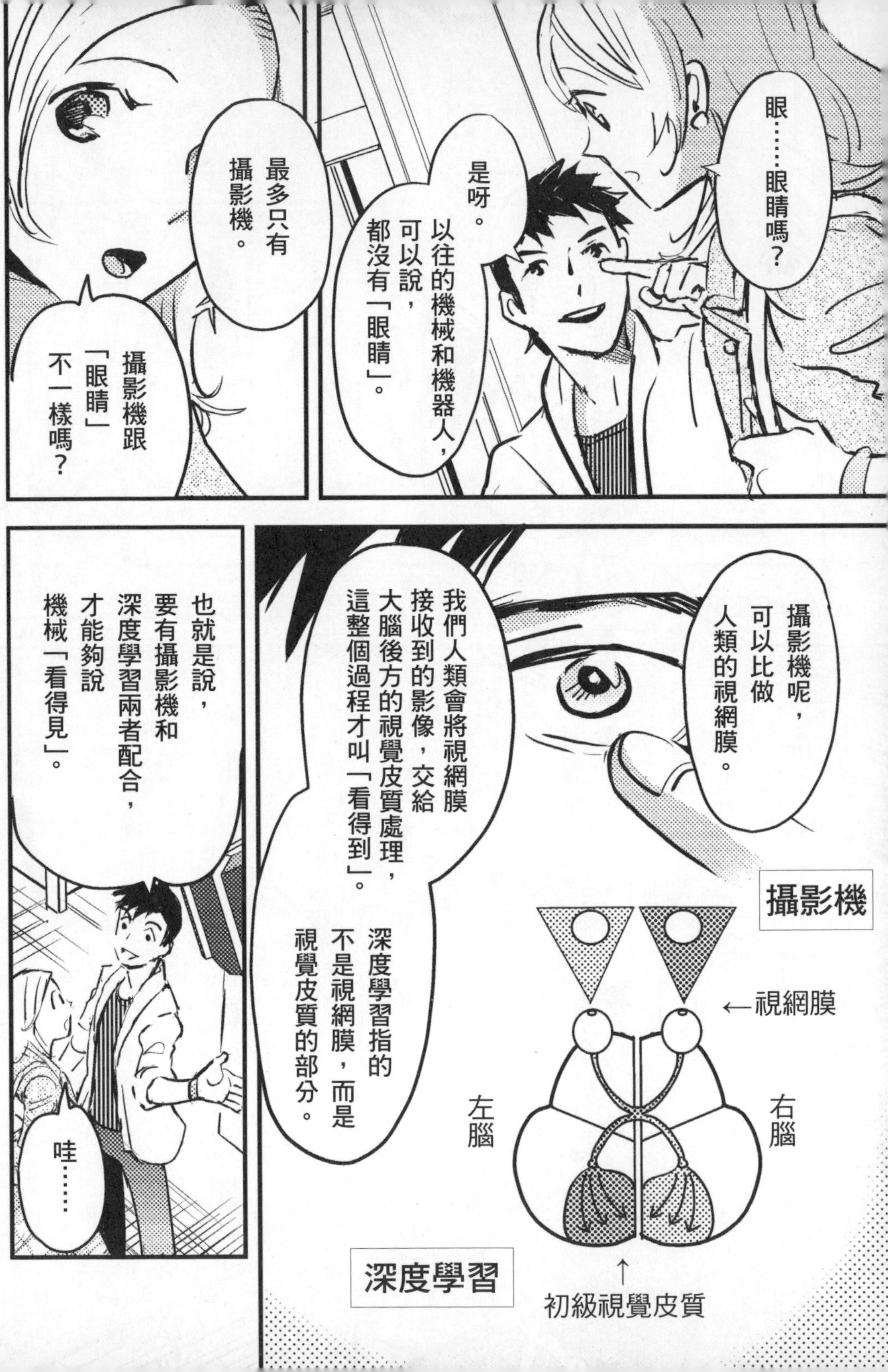
眼……眼睛嗎？
是呀。
以往的機械和機器人，可以說，都沒有「眼睛」。
最多只有攝影機。
攝影機跟「眼睛」不一樣嗎？
攝影機呢，可以比做人類的視網膜。
我們人類會將視網膜接收到的影像，交給大腦後方的視覺皮質處理，這整個過程才叫「看得到」。
深度學習指的不是視網膜，而是視覺皮質的部分。
攝影機
←視網膜
左腦
右腦
深度學習
↑
初級視覺皮質
也就是說，要有攝影機和深度學習兩者配合，才能夠說機械「看得見」。
哇……

※嗶
好啦。
哇！
小貓好像是跑進來這棟建築物……
好壯觀！
哦，是永里先生啊。有什麼事嗎？
那個……

這是什麼樣的人工智慧啊？
有點像是篩選碗盤形狀，好讓它們可以整齊排在洗碗機裡吧。
以往的機器人研發重點在於可以一再正確重複相同的作業。
相對來說，運用人工智慧的新型機器人，則在於能夠因應不確定性。
比方說，要把碗盤放進洗碗機時，該怎麼樣堆放哪些形狀的碗盤。
如果碗盤沒有堆好，該怎麼處理。
也就是可以用「眼睛」掌握周遭狀況，隨機應變的機器人。
原來如此。

太厲害了……
手部的動作簡直
跟人沒兩樣嘛！
這下子你知道
人類有多厲害了吧。
嘎搭嘎搭嘎搭
哎呀……
差點忘了
我們原本
是要做什麼。
那麼，
我從左邊追捕，
如果貓咪
從另一邊逃走，
就請你包抄。
沒問題，
交給我吧！
我就堵在出口這邊，
讓牠無路可逃！
感覺這手法
好原始啊……

解說 06-1 引領人工智慧研發的企業

挹注龐大資金研發人工智慧

第三波人工智慧潮至今方興未艾，並且更加速席捲全球，**因此有不少企業投資研發人工智慧方面的技術**。二〇一三年，美國谷歌收購了深度學習第一把交椅、多倫多大學教授傑佛瑞・辛頓的新創公司DNNresearch。隔年，谷歌與Facebook競相出價，欲收購英國的DeepMind Technologies，最後谷歌以（據傳）大約五億美元，收購了這家員工僅幾十人的公司。

不過Facebook也不是省油的燈，二〇一三年它成立了人工智慧實驗室，招聘了紐約大學教授楊立昆（Yann LeCun）來主導，實驗室在紐約、倫敦、巴黎、加州各地皆設有分部，堪稱這類研究設施中在全球具備最大規模者。

在全球加速的技術研發

起初谷歌和Facebook的這些大動作頗引人注目，但接下來這股風潮不但沒有停歇，反倒有**更多世界頂尖企業跟進**，包括亞馬遜（Amazon）、IBM、微軟（Microsoft）、蘋果（Apple）、百度（Baidu）等，**都持續投入大筆資金研究人工智慧**。

在日本，首先是二〇一四年時DWANGO成立了人工智慧實驗室；到了二〇一五年，產業技術總合研究所的人工智慧研究中心、瑞可利（Recurit）的人工智慧實驗室跟著成立，豐田汽車（Toyota）更大舉斥資，在矽谷打造共計一千億日圓規模的研究機構「Toyota Research Institute」。

這些企業與機構的新作爲，加上人工智慧的演化，陸續研發出各項嶄新技術。另外隨著技術進步，也引發了愈來愈多的疑慮，以及有待解決的課題。比方說漫畫中描述的，使用監視器引發的侵犯隱私的問題等等。這些下一章會進一步介紹。

解說 06-2

運用「擁有眼睛的機械」

攝影機＝視網膜；深度學習＝視覺皮質

那麼，接下來人工智慧會運用在哪些產業上呢？在漫畫中也介紹過，未來將運用深度學習這個技術，打造出「擁有眼睛」的機械和機器人。**以往的機械和機器人即使裝有「攝影機」，也不算擁有「眼睛」**。

人類的視網膜在接收到影像後，會將影像傳送到視覺皮質加以處理，這過程才算是「看得見」。對人類而言，攝影機就像視網膜，光有攝影機只能記錄影像、播放影像，但還是要由人類看過之後才能判斷影像。

相對地，深度學習能發揮視覺皮質的功能。**換句話說，攝影機和深度學習兩者相輔相成，才能打造出「看得見」的機械和機器人。**

機械的「寒武紀大爆發」

回顧生命演化的歷史，距今五億四千兩百萬年前到五億三千萬年前，出現了「寒武紀大爆發」。這場突發的變化導致多樣化的生命誕生，也有許多現在可見動物的「門」是在這時代出現的。

至於爲什麼會出現寒武紀大爆發，自古以來就眾說紛紜，但根據古生物學家安得魯（Andrew Parker）主張，原因是當時誕生了「第一隻眼」，他用很多事例來說明在自然界生態系中視覺有多麼重要。

「擁有眼睛的機械」誕生後，也很可能會在機械與機器人的世界引發一場寒武紀大爆發。

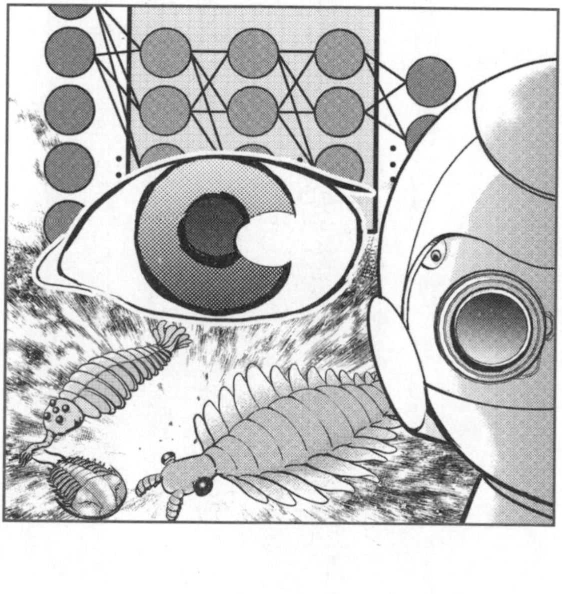

人工智慧的發展與它所影響的產業

下一頁的圖表是未來的預測，統整了深度學習之後人工智慧的發展，以及接下來可能受到影響的產業（圖中①～⑥的數字，對應接下來文章小標數字下的項目）。至於時間軸，只能以現階段爲基準來預測，畢竟日後還是有各種可能的發展，還請各位讀者理解。

①廣告、影像診斷，以及網路公司

這可說是我們目前正持續經歷的階段。隨著深度學習提升了影像辨識的準確率，過去針對一般大衆統一播放廣告的情形將改變，有愈來愈多廣告開始根據個人興趣、嗜好去播放。此外，AI也會根據X光片或電腦斷層的影像，自動做出診斷。另一方面，運用機器學習的網路相關企業，應該會首當其衝受到影響。

②個人機器人、防制犯罪（保全公司與警察），以及運用大數據的企業

在未來的幾年內，包含語音、手感等多模式（五官、身體感覺等多種感覺整合而成）的辨識準確度，會有驚人的大幅改善，結果或許能夠讓辨識人類情緒並進行定型化溝通

的機器人，或是在商店內接待顧客的機器人逐漸普及。此外，拜影片辨識準確率提高之賜，可望建立監看街頭的防盜攝影系統，從而提早發現犯罪徵兆，事先防範。此外，配合各式各樣大數據的特性，擷取特徵這類作業會變得更容易，使得目前持續運用大數據的企業具備更強的競爭力。

③電動車製造商、交通、物流、農業

過去只會觀察周遭的人工智慧，將變得能夠辨別自己的行爲對周遭會有什麼影響。由於機器人的行動計畫準確率提高，連帶可能會有像是自動駕駛技術實用化，或是物流中心與消

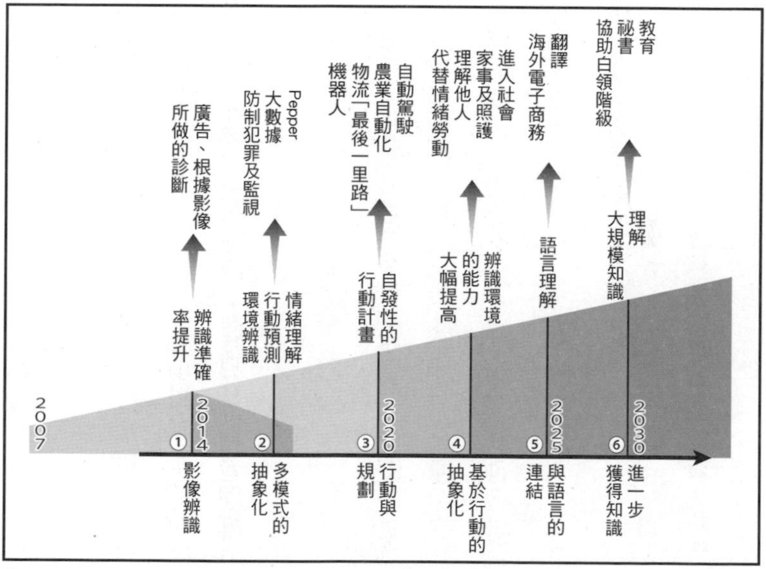

圖6-1　人工智慧的發展與它所影響的產業

業中，相信取代人類工作的機器人也會逐漸普及。

費者之間以無人機來聯繫等發展。此外，包括農業自動化在內，這類勞力程度較高的行業中，相信取代人類工作的機器人也會逐漸普及。

④家事、醫療、照護、接待，乃至客服中心

比方說，機器人懂得「如果太用力握人的手，人會覺得痛」，那麼就會輕握，避免對方不適，或是輕輕搬運物品以免傷到人等等，做出這類原先只有人類才做得到的纖細動作。這麼一來，機器人就不再像過去那樣，僅用於物流與農業這類以「物品」爲對象的產業，也能用於「服務人類」，例如進軍家事、醫療與照護等領域。此外，AI會開始懂得判別要怎樣應對（比如「這樣說的話對方會感到開心」），對方才會出現它預料中的情緒，因此接待櫃台、客服中心業務等，將能引進人工智慧與客戶做更細膩的往來。

⑤口譯、翻譯，以及全球化

當人工智慧獲得大部分人類具備的「概念」之後，就能藉由在各個概念上套用適當的「詞彙」（符號標記），理解語言。就連語音對話系統，也可以不用像以往那樣，以人工事先準備好的內容來對答，而可以模擬外界，同時在思考之後對答。

隨著機器翻譯也到達實用化的水準，「翻譯」與「學習外語」這些行爲很可能也會跟著大幅減少。而一旦語言的隔閡消除，商業上的全球化有可能比以往更加顯著，比如目前以國內爲主的購物電商網站，接下來自然會去拓展海外市場。

⑥教育、祕書，以及協助白領階級

人工智慧一旦能夠理解人類的「語言」，就會吸收人類長久累積至今的知識，從而將活動範圍擴展到人類知識性勞動的領域。例如，在教育領域，或許在必要時人工智慧可以學習知識之後，進一步指導。此外，隨機應變判斷狀況，需要時學習應對等祕書性質的業務，還有協助白領階級的多種作業，都可以交給AI。

人工智慧與智慧財產權

人工智慧要是創作音樂或小說，著作權之類的智慧財產權該怎麼辦呢？

根據日本現行法律，如果是「使用人工智慧做為工具來創作」，就跟一般作品一樣受到著作權的保障。另一方面，「人工智慧的創作」則不算是創作作品。

然而，要是「人工智慧的創作」一概不予以保護的話，未來當人工智慧創作出高價值的作品時，就會出現第三者自由使用的問題。此外，也可能有人利用「難以分辨是人工智慧創作」這一點，隱瞞作品是由人工智慧創作，而拿它當作自己的作品發表，藉此牟利。

類似這些，人工智慧創作作品的智慧財產權衍生出的難題不少，目前包含法令、制度在內，都必須詳加檢討。

CHAPTER

7

人工智慧能為人類帶來什麼？

What Artificial Intelligence Brings to Humanity

怎麼聯絡不上……
小心、藍——
你們兩個……
到底怎麼了……！
煞車
喂——！
你在那裡做什麼呀？
啊——!?
小心!?

我才想問你在做什麼咧！
你剛剛到底跑到哪裡去了啦？
喵
居然是……貓!?
喵
牠好像是從哪裡跑進來的。
哎呀，抱歉啊，知也老弟。
我一到外頭，剛好這隻貓從面前跑過去，永里大哥正在追牠。
喵
永里大哥！
那個警報該不會是……因為這隻貓？
對呀！
我們可是花了好大工夫，才抓到牠耶。

什麼嘛～
知不知道我有多擔心啊……
真的很抱歉～
缺乏
不過，這個城市真厲害耶！
就算我們追丟了貓，系統也會馬上偵測到貓在哪，然後聯絡永里大哥。
對了，藍也跟你們在一起嗎？
藍嗎？沒有耶。
她還沒回來嗎？
她怎麼了嗎？
她先前跟我們一起到住宅區參觀……
不過中途卻露出若有所思的表情，先離開了。
之後我們就聯絡不上她了，手環也沒回應。
※沒有回應
如果在這座城市裡，不管在哪兒，應該都能馬上偵測到吧？

聯絡不上她了？
呃……
那個，
口水……
有件事我想要請教一下。
藍，她該不會……
其實是人工智慧吧？

咦……？
……為什麼
你會這麼想？
呃！
這個嘛……
不會吧！
真的嗎——？
總覺得……
她有一股
特殊的氣質。
而且她長得
又跟薇特很像。
你是說，
藍是人工智慧，
她的身體
也是機器人……
加上藍的日文
就念成AI……
我只是這樣猜啦……
藍她
不要緊吧？
是不是機械
哪裡出問題……
但是在我眼中，
藍就跟人類一樣，
沒有差別……
噗嗤

哈哈哈哈哈哈。
咦!?
你科幻電影看太多了吧！
藍知道的話會生氣唷。
咦咦咦？
所以藍她……
當然是百分之百的人類呀！
要是能打造出這麼高水準的機器人，我們老早就公開技術啦。
啊啊啊啊啊啊
說……說得也是！
好丟臉啊嗚嗚嗚
不過呢，你的推理有一趴是對的吧。
薇特的確是以藍為基礎來打造的。
咦。

以藍為基礎？
……
其實在四年前啊，
藍呢……
是博士救了她。
砰！
藍!!
博士！

剛才真是不好意思。
突然就自己跑掉了……
別這麼說！倒是你沒事吧？
其實我剛才是去請博士……幫我修理這個。
手環？
難怪我剛才會聯絡不上你啊……
不過，你的手環跟我們的看起來不一樣耶。
那個是這座城市裡最先進的人工智慧。
最先進的人工智慧？
有什麼不同呢？
打開……

其實……我的大腦曾經受過傷。
現在就靠這個人工智慧來維持我的腦部運作。
大腦……
受傷……？
……
四年前——

當時藍已經
在這座城市工作，
擔任研究助理。
Automatic car
自動駕駛車輛 004
預先考量到所有的危險後……
如果汽車在高速公路上普遍採行自動駕駛，塞車的狀況就能舒緩。
我們在同部門，我是她的主管。
AUTOMATIC CAR
駕駛測試——
成功了！

由於駕駛測試的結果令人滿意，後來城裡便到處出現自動駕駛的車輛。
不會有超速的狀況，萬一有人突然衝出來，車子也會立刻煞住。
相較之下，比有人駕駛時還要安全許多。
然而——

有一天，有輛車子
朝我開過來，
我察覺到時……
心想它反正會
自動停下來，
於是就沒有閃躲。沒想到
它是一般的車子。
怎麼會……所以
之後即使是
自動駕駛的車子，
永里大哥也會
在車上嗎？
是呀。要讓無人
和有人駕駛的車
在同一條路上行駛，
現在還太早了。
那你大腦
受到的損傷
是……
是高等腦功能障礙，
這類損傷的症狀
因人而異。
我的症狀
是記憶障礙。

腦部受傷後，我就沒辦法記住新資訊了。
有時還會回想起一些實際上並沒有經歷過的事情……
那陣子她因為自己的記憶不正確，感到相當激動，情緒也很不穩定。
當時，我剛好在開發薇特，
於是就利用這項技術，打造一套供她專用的人工智慧。
藍專屬的人工智慧……？
盡可能追蹤她的記憶與思考模式，並且讓人工智慧代替她記憶新的經歷與體驗。
現在連語音辨識的準確率也大幅提升，所以只要她戴上手環，人工智慧也會自動記憶她與別人的所有對話。

其實，不只是大腦傷病，每個人隨著年紀漸長，記憶力都會衰退，出現健忘或誤解的狀況，甚至罹患失智症。
如果能善加運用這套人工智慧，說不定能夠輔助我們的大腦，幫助到許多人。
比方說，就像詢問年輕的自己，而能夠正確回答……
原來如此。
只不過，藍她太過依賴了。所以遇到人工智慧故障的時候，她才會這麼慌張。
因為……我想要知道「真正的自己」在想什麼呀。
「真正的自己」？
……嗯。
如果沒有發生那場車禍……
原本的那個「我」。

每當我對自己的記憶不是很有把握時，就會對著手環說話。
這樣一來，我就能夠確認正確的記憶……感覺像是得救了。
不單是記憶，在我對自己的判斷感到猶豫不決時，這只手環就像能跟我一起思考的夥伴。
如果我沒遇到那場車禍，對這個問題我會怎麼看呢？我可以從手環知道那個答案。
你有什麼想法呢？我應該要怎麼回答才好？
我的心——究竟在哪裡？

所以，一旦失去了人工智慧，
我就覺得自己好像失去了自我——
少胡說八道了！
沒有任何人能夠記得年輕時的一切經歷。
只要是正常人，難免會遺忘、會弄錯。
這套人工智慧系統，只不過是幫助你的工具罷了。
你千萬不能忘記這一點。
好……

不好意思，我接下來還要開會，沒辦法送你們了。
永里，他倆就拜託你嘍。
包在我身上。
我們倆也打擾很久了。
藍，又有什麼狀況嗎……
呃，沒什麼……
我只是怕今天跟你們倆說了什麼失禮的話……
確認一下。
哎唷！你在胡說什麼啦！
你才沒說什麼失禮的話咧。

哇～！真的很像是你的好夥伴耶。
那個，
藍。
今天非常謝謝你帶著我們倆到處參觀。
因為有你這麼貼心接待我們，還炒熱氣氛，
感覺時間過得真快。
希望以後還能見到你。
當然，到時你也別忘了帶著你的手腕上那個好夥伴一起唷。

一定唷！
※嗡嗡嗡嗡
ヴィイイイイ
哇，是機器人！
它們要去哪啊？
它們正要出發去打掃街道。
它們的腳底下會流出清潔劑。
哇～

話說回來，我們最初看到的，明明是這種機器人。
你怎麼還會把藍也當成機器人嘛～
這真是經典啊。
真的！真的！
喂！你們！
你們倆太毒了吧！
我又不了解出車禍之前的她。
不知道該對她說什麼才好。
不需要笑得這麼開心吧！你們兩個！？
哇哈哈哈哈—
但這一趟真的很開心。

對了，
講到薇特讓我想起來──
如果哪天我們能夠做出外觀跟人類一模一樣的薇特，
那不就真的不再需要人類了嗎？
欸？你怎麼會這麼想？
我跟你說──
比方說，要計算很多位數的算數的話，計算機老早就算得比人腦快了吧？
不過，這不表示計算機就比人類來得優秀。
人工智慧也一樣。就算它們再怎麼接近人類大腦，也不可能取代人類的。
可是，機器人就算故障了，也修得好。
也就是說，它們沒有壽命限制吧？

あわわ
※哇啊啊啊啊
人工智慧這樣繼續發展下去，搞不好哪一天就能夠征服人類……
你真的很愛科幻片耶。
其實啊，機器人和人工智慧最好也要有壽命限制。
什麼意思？
人工智慧的學習從下而上累積的話，學習效率會提升。
但累積到一個程度之後，要重新打造下層就比較困難。這麼一來，不如在某個時候格式化，重新打造個體，還比較快一些。
這樣子也比較容易因應環境的變化。
cleaning
哦!?
聽起來人工智慧的壽命真的有限耶。
好有趣！
它們會忘記、會厭倦、還受到壽命限制……
這些一般認為人類比較遜色的特質，
其實有些也是演化過程中需要的優點呢。

聽了這些說明之後，我覺得機器人跟人工智慧這麼多年發展下來，好像愈來愈接近人類了。
不不不。
深度學習目前才剛發展到人類大腦的皮毛而已唷。
就像我說過的，人工智慧到現在還像是個小嬰兒。
不過，跟嬰兒不同的是，人工智慧沒有身體，所以沒有五官。
如果真的想讓人工智慧更接近人類，未來還有很長一段路要走呢。
也就是說，目前人工智慧仍暫時「比不上人類」啊。
嗯—
怎麼覺得鬆一口氣，卻又有點失望…
啊！

薇特！
你們好！我是薇特！
竟然連這裡都出現！
哈哈，薇特也想跟你們打聲招呼呀。
博士跟藍要我傳話給你們倆。「歡迎你們隨時再來這兒玩。」
好唷！我一定會來的～太好玩啦！♪
還有啊，藍也要轉告知也先生。
「謝謝你。」
「別忘了之後再見唷。」

要讓人工智慧更接近人類，還有非常多課題要解決。
就算為人工智慧打造出像人類那樣的身體，教它們學習感覺……
但說不定這麼做，反倒讓目前人工智慧的一些優點受到限制。
你看，像薇特這樣反而能在網路之間輕鬆移動呢。
思考人工智慧的潛力時，我倒認為不必非得將它們設想成人模人樣不可。
有道理耶。

人工智慧這項技術發展的成敗，就看我們了。
希望能用更長遠的眼光來看待。
這麼有趣的時代，看來還會持續好一陣子呢。

解說 07 1 人工智慧面對的課題

監控網路與隱私權

隨著人工智慧持續發展，我們也陸續開發出許多精良的技術，但要眞正落實這些技術，還得面對各式各樣的課題。例如，在監視與防制犯罪方面，首先想到的就是，可以利用人工智慧辨識攝影機拍到的影像（通緝犯臉孔之類）。這項技術一開始由公司行號引進，接著學校也採用之後，就能建立起一套監控網路，只要先輸入過去犯罪前科的資料庫，不但能防制犯罪，萬一眞的出現犯罪行爲，也能提供逮捕嫌犯的資訊，因此有可能改善治安。

然而，方便歸方便，有心人士也可以藉此掌握個人行跡，因此如何兼顧個人隱私是個大問題。對於大眾可以接受鎖定個人資料到什麼程度，必須取得社會共識，謹慎的推動。

自動駕駛車輛的責任歸屬

自動駕駛車也是，技術上已經可行，如果能實用化，肇事率應該會比有人駕駛來得低，可能也有助於紓解壅塞。

然而，無論技術再怎麼提升，終究無法做到零事故。類似「突然有人衝出來」這類無法預期的危險狀況也很多，假設自動駕駛車輛撞到人，當然不可能只說「這是自動駕駛車，沒辦法」就撇清責任——這麼一來，質疑自動駕駛的聲浪可能也會變大。

考量到萬一發生事故時的問題，要開放一般道路同時讓有人駕駛與無人自動駕駛車輛使用，目前在日本或許還有困難。首先，必須在限定的地點或路段展開實用化，同時在保險與法規上規劃完整的配套措施，像是發生事故時的責任歸屬等。

攸關性命的評分系統

不只是自動駕駛車輛，想像人工智慧遇到意外的情境，可能還會遇到其他難題。比方遇到這樣的情境：繼續直走會害死一大群人，但如果方向盤往右邊打，只會犧牲一個人。有些案例就是因應這類意外來建立演算法。

如果涉及意外中犧牲人數或物品的多寡，大概會選擇將受害減至最低的方法。但是，如果是受害對象改變——例如老人和小孩、男性和女性，或是性別與年齡差不多，該怎麼辦呢？如果只有一人遇害，受害者和家屬能夠接受嗎？在一些案例中，連這些過去不需要明確思考的細節，很可能都會出現，不得不深思。

到最後或許會出現一項作業，就是假想各種情境，爲所有狀況評分。那麼，會由誰來評分呢？負責評分的人，可能會感覺壓力沉重到想逃避。也可能會出現需要做出政治判斷的狀況。應該會出現必須以社會整體來考量的情境。

哪些工作會被人工智慧取代？哪些不會？

人工智慧一旦演化，那麼人類的工作是不是遲早也會被機械取代呢？這個問題經常廣受討論。媒體上不時看到這些爭議，但實際情形又是如何呢？

有人認爲，「科技發展不是現在才開始，每當有新的科技都會有一些工作消失，但同樣的也會有其他新工作出現。」例如，「耕耘機問世之後，很多人就不需要親自下田耕作了，但多出了其他新的人才需求，像是製造耕耘機的人、使用的人、銷售及維修的人。」

話雖如此，仍有不少人擔憂人工智慧會導致嚴重失業。「人工智慧的發展畢竟性質不同，過去的變化只對少數人造成影響，但這次的變化難道不會影響絕大多數人嗎？」事實上，即使產生了新的工作，失去原本工作的人能不能從事這些新工作，這又另當別論。特定行業永遠缺少人才，街上卻到處是失業的人——未來很可能會變成這樣。

順便提一下，根據二〇一三年牛津大學發表的研究報告，在接下來的十年到二十年左右，美國的七〇二種職業之中，將近半數可能會消失。下一頁表格依序列出的，就是當中預測會消失以及還會留下來的職業。從這張表格可以看出，銀行窗口客服、保險公司及證券公司的行政工作、代書等金融、財務、稅務相關工作，會受到比較大的衝擊。此外，像是貨物收發單業務，以及工廠機械操作之類容易手續化的職業，消失的比例也會高一些。

從長期來看，在考量人工智慧相對無法因應的領域上，應該可以把人類的工作分成兩大重點。一是「非常大規模，而且樣本數少，伴隨著困難決定的業務」，像是經營者或業務負責人的工作，例如，一間公司該如何研發某項產品。這不是反覆多次的作業，也沒有太多數據可參考，像這種得根據過去的經驗，加上各種資訊後做出「業務判斷」的事，就是最後仍會由人類負責的工作。

另一種是基於「由人對人比較好」而留下來的工作。一般認為「由人來因應會比較好」、「由人來勸說更有效果」的工作，不僅不會被人工智慧取代，還可能因為要與人面對面往來，而被視為「具有更高價值的服務」。

10～20年後仍留下的職業前25名		10～20年後將會消失的職業前25名
休閒治療師	1	電話推銷員
整備、設置、維修的第一線監督人員	2	不動產登記審查、調查人員
危機管理負責人	3	裁縫師
心理健康、藥物相關社工	4	使用電腦收集、加工、分析數據資料
聽覺訓練師	5	保險業者
作業治療師	6	時鐘維修人員
牙科矯正師、假牙技工	7	貨物收發人員
醫療社工	8	代書
口腔外科醫師	9	底片沖印技術人員
消防、防災第一線監督人員	10	銀行新開戶業務負責人員
營養師	11	圖書館員的助理
住宿設施管理人	12	資料輸入人員
編舞師	13	組裝與調整時鐘的人員
銷售工程師	14	保險理賠金申請、保險簽約代理人員
內科醫師、外科醫師	15	證券公司行政人員
教育協調人員	16	貨物收單人員
心理學家	17	（住宅、教育、汽車貸款等）融資業務員
警察、刑警第一線監督人員	18	汽車保險鑑定人
牙醫師	19	運動賽事裁判
小學教師（特殊教育除外）	20	銀行窗口人員
醫學學者（流行病學者除外）	21	金屬、木材、橡膠等蝕刻、雕刻業者
中小學教育管理者	22	包裝機、填充機的操作人員
足部矯正師	23	調度人員（採購助理）
臨床心理醫師、諮商師、校園諮商師	24	貨物發送收件人員
心理健康諮商師	25	金屬、塑膠加工用銑床、 削切機的操作人員

圖7-1 10～20年內「將會消失」以及「仍留下」的職業

解說 07-2 奇異點與之後的未來

「奇異點」是否會來臨？

人工智慧究竟會演化到什麼程度呢？二〇一四年，知名物理學家史蒂芬．霍金（Stephen Hawking）在受訪時回答，「如果成功開發出百分之百的人工智慧，或許就代表了人類滅亡。」他表示，「人工智慧的發明是人類史上最重大的一件事，但同時也可能是『最後』一件大事。」這個意思是，當人工智慧擁有自己的意志能夠獨立，並且很可能重新設計自己時，人類將無法與其抗衡。

在這些討論之中，最極端的就是聲稱「奇異點」將在不久之後來臨。

奇異點是指：隨著技術進步，人工智慧能自行打造出超越它本身能力的人工智慧的時間點。如果AI只能生產出能力不如自己的人工智慧，那麼即使數量再龐大，也無法超越自己原本的能力；但只要AI能打造出能力稍微超越它本身的人工智慧，接下來就能變得更聰明，持續打造出愈來愈聰明的AI——藉由無限次這樣反覆的過程，最後將誕生無人能敵的智慧體。奇異點的理論架構大致是如此。

奇異點是知名企業家雷蒙德．庫茲維爾（Raymond Kurzweil）提倡的概念。庫茲維爾宣稱，在宇宙中，資訊的演化會經過下表所示的「六個紀元」，而在「第五個紀元」時就準備迎接奇異點的到來——他預測，時間大約在二〇四五年左右。

只要AI能打造出比自己聰明一點點的人工智慧，從那一瞬間開始，人工智慧就邁入一個全新階段。如果這一刻真正來臨，接下來的發展任誰也無法預料，很可能進入一個人類無法理解的境界。如果即使人類不工作，整個社會的生產力仍能提升，

第一紀元	物理與化學	原子結構的資訊
第二紀元	生物	DNA的資訊
第三紀元	大腦	神經元的資訊
第四紀元	科技	硬體與軟體的設計資訊
第五紀元	科技與人類智慧的融合	有生命的一方（包含人類的智慧）將人類所建構（演化速度呈指數成長的）科技的基礎加以整合。
第六紀元	宇宙覺醒	宇宙物質及能量的形式充滿了各階段智慧。

圖7-2　庫茲維爾提出的「六個紀元」

那麼人類還有什麼存在的價値呢？人工智慧眞的會是人類「最後的發明」嗎？

人類＝智慧＋生命

或許有些悲觀的人會認爲，跨越奇異點之後，未來將是人工智慧征服人類。但冷靜思考一下，人工智慧征服人類，或是以一己之力打造出人工智慧的可能性，就現階段來說實在無法想像，簡直是作夢。目前因深度學習逐漸產生的，是「學習尋找世界特徵的特徵表達」，這在提升預測能力上極爲重要。然而，這和人工智慧擁有自己的意志，或是能夠重新設計人工智慧，仍舊天差地遠。

簡單來說，原因就是「人類＝智慧＋生命」。就算能創造出智慧，要創造生命也很困難吧。能夠維持自我，並且創造類似複製的生命，進一步想保存自我，產生增加自我複製體的欲望，然後才有「想要征服」的意志。如果跳過生命的討論，光是恐懼「人工智慧可能擅自開始擁有意志」，就實在太荒謬了。

話雖如此，對人工智慧未來的潛力也不能太過小看。人工智慧勢必會成爲社會的基礎工程，在它引發形形色色的問題之前，我們必須先澈底討論。專家學者預測能預測到的狀況，然後討論是否需要在某些範圍劃下界線。此外，所有討論都得透明公開。

邁向人工智慧的未來

在思考人工智慧的未來時，應該以下面的重點爲前提。那就是，人工智慧是「爲了衆人」而存在，同時也絕對不能侵犯「人類的尊嚴」。

爲了正確使用人工智慧，有幾項重要的觀念：使用的人工智慧在動作及技術上要公開透明，並且可以向他人說明，此外，要將控制權分散給多個人（民衆）等。總之，該討論的重點不是「人工智慧未來該秉持的倫理」，而是「人工智慧使用者的倫理」或是「研發人工智慧的人應該具備的倫理」。

此外，在討論要打造什麼樣的人工智慧才好時，「心」也是個重要的問題。心就等同於生命，或者超乎其上，更是人類的本質。是否造打造出擁有（或乍看之下具備）心智的人工智慧，一直有很

大的爭議。如果不審慎思考這一點，可能日後會引起各式各樣的問題，像是對人工智慧萌生愛意，或是在該不該停止人工智慧程式上起爭執等。

現階段我們還無法想像人工智慧失控的話，世界會是什麼樣子，但只要社會大眾有這樣的疑慮，專業人士就必須提出可能性與因應對策，持續努力讓社會大眾能獲得共識。此外，爲了能正確使用人工智慧，我們構成社會的每一個份子，都必須仔細想像、思考。因爲，在希望打造一個什麼樣的社會時，在了解自己想要追求怎樣的未來之後，同時就能描繪出人工智慧的未來。

主要參考資料

主要參考文獻

《與機器賽跑》（*Race Against the Machine*），Erik Brynjolfsson & Andrew McAfee, 2014

《皇帝新腦》（*The Emperor's New Mind: Concerning Computers, Minds, and The Laws of Physics*），Roger Penrose, 1989

《電腦不能做什麼》（*What Computers Can't Do: The Limits of Artificial Intelligence.*），Hubert Dreyfus, 1972

《創智慧——理解人腦運作，打造智慧機器》（*On Intelligence*），Jeff Hawkins & Sandra Blakeslee, 2005

《寒武紀大爆發：第一隻眼的誕生》（*In the Blink of an Eye : How Vision Kick-Started the Big Bang of Evolution*），Andrew Parker, 2016

Carl Benedikt Frey, Michael A. Osborne. "THE FUTURE OF EMPLOYMENT : HOWSUSCEPTIBLE ARE JOBS TO COMPUTERISATION" Sep 17: 2013.

Quoc V. Le, Marc' Aurelio Ranzato, Rajat Monga, Matthieu Devin, Kai Chen, Greg S. Corrado, Jeff Dean, Andrew Y. Ng. "Building High-level Features Using Large Scale Unsupervised Learning" ICML 2012.

主要參考URL

人工智慧學會
http://www.ai.gakkai.or.jp/

總務省《經濟通信白書》
http://www.soumu.go.jp/menu_seisaku/hakusyo/#johotsusintokei

BBC NEWS "Stephen Hawking warns artificial intelligence could end mankind"
http://www.bbc.com/news/technology-30290540

作者簡介

監修　松尾豐

1997年東京大學工學院電子資訊工程系畢業。2002年取得東京大學研究所博士，並且進入產業技術綜合研究所擔任研究員。2005年8月前往史丹佛大學擔任客座研究員，2007年起，在東京大學研究所工學系研究科綜合研究機構「智慧結構化中心技術經營戰略學研究室」擔任副教授。2014年起，在東京大學研究所工學系研究科「技術經營戰略學研究室全球消費智慧在職講座」擔任共同代表暨特任副教授。專業領域為人工智慧、網頁探勘，以及大數據分析。曾獲人工智慧學會頒發論文獎（2002年）、成立二十週年紀念事業獎（2006年）、現場革新獎（2011年）、成就獎（2013）等各個獎項。在人工智慧學會曾任學生編輯委員、編輯委員，自2010年起擔任編輯副主委，2012年起接下編輯主委、理事，2014年起為倫理主委。著有《人工智慧會超越人類嗎？》等眾多著作。

繪者　菅洋子（Kan Yoko）

京都府京都市出身，漫畫家、插畫家，主要作品有：《看漫畫了解如何使用框架結構》、《NEW世界史12：冷戰與冷戰後的世界》、《看學研漫畫學新知系列：新版網路的祕密》、《漫畫西洋美術史1》、《漫畫西洋美術史2》、《無限感動！音樂傳記》、《NHK每日廣播法語2017年4月號～9月號》等等。

INSIDE 21

一本漫畫就讀懂！人工智慧

AI究竟能爲我們做什麼？

マンガでわかる！人工知能

AIは人間に何をもたらすのか

作　者　松尾豐（YUTAKA MATSUO）
繪　圖　菅洋子（YOKO KAN）
譯　者　葉韋利
責任編輯　林慧雯
美術設計　黃暐鵬

編輯出版　行路／遠足文化事業股份有限公司
總編輯　林慧雯
社　長　郭重興
發行人兼出版總監　曾大福
發　行　遠足文化事業股份有限公司
23141新北市新店區民權路108之4號8樓
代表號：（02）2218-1417　客服專線：0800-221-029　傳眞：（02）8667-1065
郵政劃撥帳號：19504465　戶名：遠足文化事業股份有限公司
歡迎團體訂購，另有優惠，請洽業務部（02）2218-1417分機1124、1135
法律顧問　華洋法律事務所　蘇文生律師

印　製　韋懋實業有限公司
排　版　簡至成
初版二刷　2020年4月

定　價　380元

行路出版最新書籍訊息可參見Facebook粉絲頁
https://www.facebook.com/WalkPublishing

國家圖書館預行編目資料

一本漫畫就讀懂！人工智慧
AI究竟能爲我們做什麼？
松尾豐監修；菅洋子繪圖；葉韋利譯
一初版一新北市：行路，遠足文化，2020年3月
面；公分（INSIDE；1WIN0021）
譯自：マンガでわかる！人工知能：AIは人間に何を
もたらすのか
ISBN 978-986-98040-8-0（平裝）
1.人工智慧　2.漫畫
312.831　109001000